Go 语言编程实战

◎强　彦　王军红　主　编

清華大学出版社

北　京

内 容 简 介

本书从初学者的角度出发,通过通俗易懂的语言、丰富实用的案例,详细介绍了使用Go语言进行程序开发需要掌握的知识。全书分为16章,包括为什么要使用Go语言,Go语言开发环境,“Hello World”程序实现,流程控制,数组、切片和映射,string操作,函数,指针,结构体和方法,接口,并发,文件操作,错误处理与日志,创建自己的go包,Go语言编码、数据库编程等。书中所有知识都结合具体实例进行介绍,设计程序代码给出了详细注释,可以使读者轻松领会Go程序开发的精髓,快速提高开发技能。另外,本书还有配套的PPT和视频讲解。

本书适合作为Go语言开发入门者的自学用书,也适合作为高等院校相关专业的教学参考书,还可供开发人员查阅、参考。

图书在版编目(CIP)数据

Go语言编程实战/强彦,王军红主编. —北京:清华大学出版社,2019(2023.8重印)
ISBN 978-7-302-52301-7

Ⅰ. ①G… Ⅱ. ①强… ②王… Ⅲ. ①程序语言—程序设计 Ⅳ. ①TP312

中国版本图书馆CIP数据核字(2019)第029205号

责任编辑:王 芳 李 晔
封面设计:台禹微
责任校对:梁 毅
责任印制:沈 露

出版发行:清华大学出版社
网 址:http://www.tup.com.cn,http://www.wqbook.com
地 址:北京清华大学学研大厦A座 **邮 编**:100084
社 总 机:010-83470000 **邮 购**:010-62786544
投稿与读者服务:010-62776969,c-service@tup.tsinghua.edu.cn
质量反馈:010-62772015,zhiliang@tup.tsinghua.edu.cn
课件下载:http://www.tup.com.cn,010-83470236
印 装 者:三河市龙大印装有限公司
经 销:全国新华书店
开 本:185mm×260mm **印 张**:12.25 **字 数**:299千字
版 次:2019年8月第1版 **印 次**:2023年8月第5次印刷
定 价:59.00元

产品编号:082137-01

前言

Go(又称 Golang)是 Google 开发的一种静态强类型、编译型、并发型并具有垃圾回收功能的编程语言。

罗伯特·格瑞史莫(Robert Griesemer)、罗勃·派克(Rob Pikc)及肯·汤普逊(Ken Thompson)于 2007 年 9 月开始设计 Go,稍后 Ian Lance Taylor、Russ Cox 加入项目。Go 是基于 Inferno 操作系统所开发的。Go 于 2009 年 11 月正式宣布推出,成为开放源代码项目,并在 Linux 及 Mac OS X 平台上进行了实现,后来又追加了 Windows 系统下的实现。2016 年,Go 被软件评价公司 TIOBE 选为"TIOBE 2016 年最佳语言"。

本书作为 Go 编程语言的入门级书籍,分为基础篇、核心篇、提高篇和应用篇四篇。

第 1 篇为基础篇。本篇介绍 Go 语言的产生背景、特点以及 Go 开发环境的安装,旨在一步一步地引领读者走进 Go 的世界。其次,从"Hello World"程序开始,引出常量、变量、运算符等 Go 语言中最基础的知识。

第 2 篇为核心篇。本篇分为 8 章,讲解流程控制、数组、切片、字典、字符串操作、函数、指针、接口、结构体、方法和并发等 Go 语言中的重要概念,并配有大量的具体案例供读者参考学习。

第 3 篇为提高篇。本篇主要介绍编写程序时经常遇到的 3 种需求,分别是文件 I/O 操作、错误处理和自定义 package。其中,前两种需求均可以调用 Go 语言标准库中的方法解决,良好的错误处理可以让一个程序的稳定性得到很大提高;自定义 package 可以提高程序代码的复用性,使读者更高效地编写程序。

第 4 篇为应用篇。本篇主要介绍了 Go 语言支持的 5 种常用编码方式以及 Go 语言操纵 MySQL 数据库的方法,共两章:第 15 章,Go 语言编码介绍了 Base64 编码、十六进制编码、JSON 编码、XML 编码和 CSV 编码,并结合实例介绍了 Go 语言如何对数据进行编码、解码;第 16 章,数据库编程介绍如何使用 Go 语言操作数据库,主要包括 MySQL 数据库安装和 Go 语言连接、查询 MySQL 数据库的方法。

本书共分为 16 章,其中第 1、2、3 章由太原理工大学强彦编写,第 4、5 章由太原理工大学赵涓涓编写,第 6、7 章由太原理工大学赵清华编写,第 8、9 章由太原科技大学蔡星娟编写,第 10、11 章由太原理工大学王峥编写,第 12、13 章由太原理工大学萧英喆编写,第 14、15、16 章由山西中狮科技有限公司王军红编写。全书由强彦审阅。本书得到了山西中狮科技有限公司的技术支持和帮助，在此致以衷心的感谢。

本书撰写过程中，车征、任雪婷、王佳文、史国华、魏淳武、周凯、王梦南、王艳飞、武仪佳、张振庆等项目组成员做了大量的资料准备、文档整理和代码调试工作，在此一并表示衷心的感谢！

由于作者水平有限，不当之处在所难免，恳请读者及同仁赐教指正。

编　者

2018 年 11 月

目录

第1篇 基 础 篇

第 2 篇 核 心 篇

第 3 篇　提　高　篇

第4篇　应　用　篇

第1篇 基 础 篇

Go语言是Google公司在2009年发布的第二款开源编程语言。Go语言专门针对多处理器系统应用程序的编程进行了优化，使用Go语言编译的程序可以媲美C或C++代码的速度，而且更加安全、支持并行进程。

本篇不会过于深入地涉及Go语言的核心内容，主要是对本书全篇的各种概念做简要介绍，更加深入的内容会在核心篇详述。本篇旨在让读者在Go语言运行环境的安装和入门程序运行的过程中逐步发现Go语言的新特性以及它和其他编程语言的不同之处。

本篇主要介绍Go的背景、安装、常用IDE、package及各种数据类型。

第1章主要介绍Go语言的产生背景及Go语言的特点、优势。

第2章主要介绍Go语言开发过程中常用的集成开发环境(IDE)及Go语言的安装方法，还会介绍Go语言的抽象语法树、标准库与第三方库。

第3章主要通过“Hello World”的简单案例引出Go语言的各种数据类型及包的概念，为核心篇做好铺垫。

第1章

为什么要使用Go语言

Go 语言作为一门新语言，在 Hacker News 于 2018 年 7 月发布的编程语言招聘趋势 TOP10 中，Python 稳居冠军宝座，而 Go 语言逆袭进入前三，Go 语言在编程语言中之所以能有这样的地位，主要在于它区别于其他语言的一些优势。比如部署简单、并发性好、有良好的程序设计风格、执行性能好等。

Go 语言的学习非常简单，不但可以通过同步方式轻松实现高并发，并且代码简洁、格式统一、阅读方便、性能强劲，开发效率又不差于 Python 等动态语言。

总而言之，从工程的角度上来看，对于大多数场景来说，选择 Go 语言是极为明智的选择。这样可以轻松地兼顾运行性能、开发效率及维护难度这三大难点。

本章要点：

- 了解 Go 语言的产生背景。
- 了解 Go 语言的执行性能和开发效率。
- 熟悉 Go 语言的设计规则。
- 熟知 Go 语言的九个主要特点。

1.1 Go 语言的产生背景

最近十年来，C/C++在计算机领域没有得到很好的发展，也没有新的系统编程语言出现，开发程度和系统效率在很多情况下不能兼得。要么执行效率高，开发和编译效率低，如 C++；要么执行效率低，但编译效率高，如 NET、Java。所以需要一种拥有较高效的执行速度、编译速度和开发速度的编程语言，Go 由此产生。

Go 是由 Google 公司推出的一个开源项目（系统开发语言），是一个编译型、静态类型的语言，具备垃圾收集（garbage collection）、限定性结构类型（structural typing）、内存安全

(memory safety)以及 CSP 样式的并发编程(concurrent programming)等功能特性。

Go 最初的设计由 Robert Griesemer、Rob Pike 和 Ken Thompson 在 2007 年 9 月开始，官方的发布是在 2009 年 11 月。2010 年 5 月由 Rob Pike 公开将其运用于 Google 内部的一个后台系统。目前 google App Engine 也支持 Go 语言(目前仅支持三种：Java、Python 和 Go)。

Go 可以运行在 Linux、Mac OS X、FreeBSD、OpenBSD、Plan 9 和 Microsoft Windows 系统上，同时也支持多种处理器架构，如 I386、AMD64 和 ARM。

1.2 Go 语言的主要特点以及使用 Go 语言开发的优势

1.2.1 Go 语言的优势

选择使用 Go 语言，主要是基于以下两方面的考虑。

1. 执行性能

缩短 API 的响应时长，解决批量请求访问超时的问题。在 Uwork 的业务场景下，一次 API 批量请求往往会涉及对另外接口服务的多次调用，而在之前的 PHP 实现模式下，要做到并行调用是非常困难的，串行处理却不能从根本上提高处理性能。而 Go 语言不一样，通过协程可以方便地实现 API 的并行处理，达到处理效率的最大化。依赖 Go 语言的高性能 HTTP Server，提升系统吞吐能力，由 PHP 的数百级别提升到数千级别甚至过万级别。

2. 开发效率

Go 语言使用起来简单、代码执行效率高、编码规范统一、上手快。通过少量的代码，即可实现框架的标准化，并以统一的规范快速构建 API 业务逻辑。能快速构建各种通用组件和公共类库，进一步提升开发效率。

1.2.2 Go 语言的设计原则

1. Go 程序设计规则

(1) Go 编程的风格，可以以组为单位进行变量和常量声明，以及加载包；

(2) Go 语言支持简单的函数、条件和循环风格，把括号都省略了；

(3) 大写字母开头的变量是可导出的，也就是其他包可以读取的，是公有变量；小写字母开头的变量就是不可导出的，是私有变量；

(4) 大写字母开头的函数相当于 class 中的带 public 关键词的公有函数；小写字母开头的函数就是带 private 关键词的私有函数；

(5) Go 语言和 Python 一样不需要以分号结尾；

(6) Go 语言支持函数返回多个值。

2. Go 语言常用量

表 1-1 列出了 Go 语言的常用量。

表 1-1　Go 语言常用量

常　用　量	说　　明
var	用来创建变量
const	用来创建常量
iota	用来声明枚举类型 enum,它默认开始值是 0,每调用一次加 1
map	读取和设置类似 slice,通过 key 来操作,只是 slice 的 index 只能是 int 类型,而 map 多了很多类型,可以是 int,也可以是 string
make	用于内建类型(map、slice 和 channel)的内存分配
new	用于各种类型的内存分配
goto	用来跳转到必须在当前函数内定义的标签
func	用来声明一个函数 funcName
defer	用于延迟执行代码,类似于析构函数
panic	用于中断原有的控制流程
recover	用于恢复中断的函数
import	用于导入包文件

注意：Go 中有两个保留的函数,即 init()函数(能够应用于所有的 package)和 main()函数(只能应用于 package main)。这两个函数在定义时不能有任何参数和返回值。

Go 程序会自动调用 init()和 main()函数,所以不需要在任何地方调用这两个函数。每个 package 中的 init()函数都是可选的,但 package main 必须包含一个 main()函数。

1.2.3　Go 语言的特点

Go 语言以最直接、简单、高效、稳定的方式来解决问题,其关键特性主要包括以下几方面。

1. 并发与协程(goroutine)

Go 在语言级别支持协程(也称为微线程,比线程更轻量、开销更小、性能更高)并发,并且实现起来非常简单。对比 Java 的多线程和 Go 的协程实现,Go 是以简单、高效的方式解决问题。

Java 多线程并发实例如下所示：

```
public class MyThread implements Runnable {
    String arg;
    public MyThread (String a){
         arg = a;
         }
         public void run(){
                //...
                }
                public static void main(String[ ] args){
                       new Thread(new MyThread("test")).start();
                       //...
                       }
}
```

Go 协程并发实例如下所示：

```
func run(arg string){
    //...
}
func main (){
    go run("test")
    ...
}
```

Go 语言与其他语言的不同之处是，它的语言级别支持协程(goroutine)并发，操作起来非常简单，语言级别提供关键字(Go)用于启动协程，并且在同一台机器上可以启动成千上万个协程。

2. 基于消息传递的通信方式

通道(channel)是 Go 在语言级别提供给进程内的协程的通信方式，简单易用，线程安全。

在异步的并发编程过程中，只能方便、快速地启动协程还不够。协程之间的消息通信也非常重要，否则各个协程就无法控制。在 Go 语言中，使用基于消息传递的通信方式进行协程间通信，并且将消息通道作为基本的数据类型，使用类型关键字 chan 进行定义，并发操作时线程安全。可见，Go 语言会用最实用、最有利于解决问题的方法，以最简单、直接的形式向用户提供服务。

通道并不仅仅只是用于简单的消息通信，还可以引申出很多非常实用，而实现起来又非常方便的功能。比如，实现 TCP 连接池、限流等等，这些在其他语言中实现起来并不容易，但 Go 语言可以轻易做到。

3. 丰富实用的内建数据类型

Go 语言作为编译型语言，在数据类型上也非常全面，除了传统的整型、浮点型、字符型、数组、结构体等类型，从实用性上考虑，也对字符串类型、切片类型(可变长数组)、字典类型、复数类型、错误类型、通道类型，甚至任意类型(interface{})进行了原生支持，并且用起来非常方便。比如字符串、切片类型，操作简便性和 Python 类似。表 1-2 列出了 Go 语言的常用内置数据类型。

表 1-2 常用内建数据类型

常用内建数据类型	说　明
string	字符串类型
slice	切片类型，即可变长序列
map	字典类型，Key-Value 形式
complex64，complex128	复数类型，支持复数运算
error	错误类型，通常用于函数返回，显示表明逻辑执行的正常性
interface{}	Any 类型，类似于 Java 中的 Object 基类，非常灵活
chan	Channel 类型，用于协程间的消息通信

另外，Go 语言将错误类型(error)作为基本的数据类型，并且在语言级别不再支持 try…catch 的用法。Go 的开发者认为在编程过程中，要保证程序的健壮性和稳定性，对异常的精

确化处理是非常重要的，只有在每一个逻辑处理完成后，明确告知上层调用是否有异常，并由上层调用，进而明确、及时地对异常进行处理，才可以高度保证程序的健壮性和稳定性。虽然这样做会在编程过程中出现大量的对 error 结果的判断，但也增强了开发者对异常处理的警惕度。

4. 函数多返回值

函数多返回值在一些情况下有助于提高代码的可读性。在语言中支持函数多返回值，可以有效地简化编程。Go 语言的编程风格，是函数返回的最后一个参数为 error 类型（只要逻辑体中可能出现异常），这样就有必要在语言级别上支持多返回值。

5. defer 延迟处理机制

defer 指定的逻辑在函数体 return 前或出现 panic 时执行，适合逻辑的善后处理。defer 机制在很大程度上不仅简化了代码，而且极大地增强了代码的可读性。

Go 语言提供了关键字 defer，可以通过该关键字指定需要延迟执行的逻辑体。这种机制适合善后逻辑处理，可以尽早避免可能出现的资源泄露问题。可以说，defer 是继协程和通道之后的另一个非常重要、实用的语言特性，对 defer 的引入，可以在很大程度上简化编程，并且在语言描述上显得更为自然。

6. 反射（reflect）

Go 语言中的 Any 类型（interface{}）配合简单、强大的类型反射（reflect 包），在开发在灵活性上接近解析型语言。

Go 语言作为强类型的编译型语言，在灵活性上自然不如解析型语言。比如像 PHP（弱类型），可以直接对一个字符串变量的内容进行 new 操作，但在编译型语言中不太可能实现。PHP 相比于 Go，优势是 PHP 可以实现开发框架、基础类库以及各种公共组件，开发效率高但执行性能不足；而 Go 语言提供了 Any 类型（interface{}）和强大的类型反射（reflect）能力，在开发的灵活性上已经很接近解析型语言；在逻辑的动态调用方面，实现起来也非常简单。

7. 高性能 HTTP Server

在 Go 语言中，还有一个优势就是自带高性能 HTTP Server，通过简单的几行代码调用，就可以得到一个基于协程的高性能 Web 服务，而且维护成本极低，没有任何依赖。

作为出现在互联网时代的服务端语言，面向用户服务的能力必不可少。Go 在语言级别自带 HTTP/TCP/UDP 高性能服务器，基于协程并发为业务开发提供最直接有效的能力支持。在 Go 语言中实现一个高性能的 HTTP Server，只需要几行代码即可完成。

8. 工程管理

在 Go 语言中，有一套标准的工程管理规范，只要按照这个规范进行项目开发，之后的事情（比如包管理、编译等）都将变得非常简单。

在 Go 项目下，存在两个关键目录：一个是 src 目录，用于存放所有的 .go 源码文件；一个是 bin 目录，用于存放编译后的二进制文件。在 src 目录下，除了 main 主包所在的目录外，其他所有的目录名称与直接目录下所对应的包名保持对应，否则编译无法通过。这样，Go 编译器就可以从 main 包所在的目录开始，完全使用目录结构和包名来推导工程结构以及构建顺序，避免像 C++一样，引入一个额外的 Makefile 文件。

在 Go 的编译过程中，唯一要做的就是将 Go 项目路径赋值给一个叫 GOPATH 的环境变量，让编译器知道将要编译的 Go 项目所在的位置；然后进入 bin 目录，执行 go build{主包所在的目录名}，即可很快完成工程编译。编译后的二进制文件，可以推广到同类 OS 上直接运行，不需要任何环境依赖。

9. 编程规范

Go 语言的编程规范强制集成在语言中，比如明确规定花括号摆放位置，要求一行一句，不允许导入没有使用的包，不允许定义没有使用的变量，提供 gofmt 工具强制格式化代码等。从工程管理的角度，Google 对特定语言制定了特定的编程规范。

本章小结

本章主要介绍了 Go 语言的产生背景、设计原则及主要特点，Go 语言的特点可以用几个词简单总结一下：

- 强调简单、易学
- 内存管理和语法简单
- 快速编译
- 并发支持
- 静态类型
- 部署简单(go install)
- 自身就是文档(通过 godoc 将代码中的注释信息构造成文档)
- 开源免费(BSD licensed)

Go 语言是为解决现实问题而设计的，是一门很实用的编程语言，它为支持高效并发的软件系统提供了一个简单的编程模型，为编写一个充分利用并发的高效软件系统提供了便利。

课后练习

一、判断题

函数执行时，如果由于 panic 导致了异常，则延迟函数不会执行。 (　　)

二、选择题

关于协程，下面说法正确的是(　　)。

A. 协程和线程都可以实现程序的并发执行

B. 线程比协程更轻量级

C. 协程不存在死锁问题

D. Go 语言支持协程并发

第2章

Go语言开发环境

Google 在推出第一版的 Go 语言时，并没有为之配备对应的官方集成开发环境（IDE），所以当前 Go 语言的开发者面临选择一个称手开发工具的问题。掌握 Go 语言的环境安装，选择一个适合自己的 Go 开发工具是初学者入门 Go 语言编程的基础。本章将分别介绍目前比较主流的用于开发 Go 程序的工具，Go 语言的常用开发包以及一些第三方包，希望能够为广大 Go 语言爱好者顺利进行 Go 语言的学习提供帮助。

本章要点：

- 掌握 Go 的安装过程。
- 了解 Go 语言的开发工具并安装：LiteIDE、Goland、Eclipse、Sublime text……
- 了解 Go 语言标准库及常用语法包。

2.1 Go 安装

Go 的官方下载地址为 https://golang.org/dl/。Go 语言中文网为 https://studygolang.com/，Go 下载网址为 https://studygolang.com/dl。其安装包括以下步骤。

(1) 根据个人计算机的操作系统，选择合适的版本。本书基于 Windows 10 专业版 64 位系统，如图 2-1 所示。

(2) 将 Go 安装包下载完成后，单击安装，安装目录更改为 D:\\Go(默认安装目录为 C:\\Go)，然后一直单击 Next 按钮直到出现 Finish 按钮界面。Go 语言安装版的版本会自动配置环境变量，无须手动配置，如图 2-2 所示。

(3) 打开命令行界面，输入命令 go env 后可显示出 Go 的环境变量设置，若出现如图 2-3 所示结果，则表示 Go 已配置成功。

其中，GOROOT 值为 Go 安装根目录，GOPATH 值为 Go 的工作目录。

Go 安装包下载

为你的系统下载了相应的安装包后，请按照 安装说明 进行安装。

如果你选择从源码构建，请参考 从源码进行安装。

查看 发布历史 了解更多关于 Go 各版本的发布说明。

推荐下载

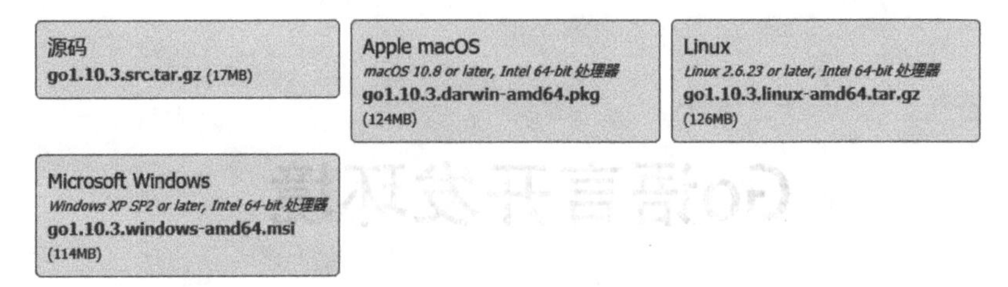

图 2-1　官网中的下载选项

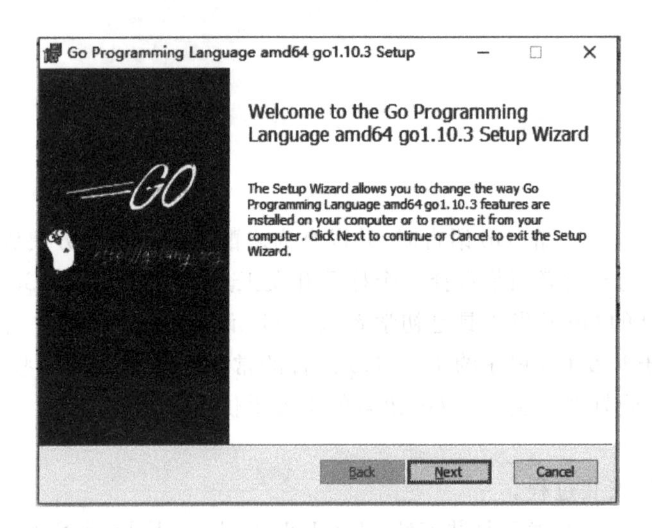

图 2-2　Go 环境安装界面

```
命令提示符
Microsoft Windows [版本 10.0.17134.165]
(c) 2018 Microsoft Corporation。保留所有权利。

C:\Users\Administrator>go env
set GOARCH=amd64
set GOBIN=
set GOCACHE=C:\Users\Administrator\AppData\Local\go-build
set GOEXE=.exe
set GOHOSTARCH=amd64
set GOHOSTOS=windows
set GOOS=windows
set GOPATH=C:\Users\Administrator\go
set GORACE=
set GOROOT=D:\GO
set GOTMPDIR=
set GOTOOLDIR=D:\GO\pkg\tool\windows_amd64
set GCCGO=gccgo
set CC=gcc
set CXX=g++
set CGO_ENABLED=1
set CGO_CFLAGS=-g -O2
set CGO_CPPFLAGS=
set CGO_CXXFLAGS=-g -O2
set CGO_FFLAGS=-g -O2
set CGO_LDFLAGS=-g -O2
set PKG_CONFIG=pkg-config
set GOGCCFLAGS=-m64 -mthreads -fno-caret-diagnostics -Qunused-arguments -fmessage-length=0 -fdebug-prefix-map=C:\Users\A
DMINI~1\AppData\Local\Temp\go-build521355738=/tmp/go-build -gno-record-gcc-switches

C:\Users\Administrator>
```

图 2-3　Go 环境配置

2.2 开发工具

Google 并没有随着 Go 1 的发布推出官方的 Go 集成开发环境(IDE),因此开发者需要自行考虑和选择合适的开发工具。由于 Go 采用的是 UTF-8 的文本文件存放源代码,所以原则上可以使用任何一款文本编辑器,目前比较流行的开发工具如下:

- Gedit(Linux)/Notepad++(Windows)/Fraise(Mac OS X),文本编辑工具;
- Vim/Emacs,万能开发工具;
- Go Playground,一种允许在浏览器中编辑并运行的 Go 语言编辑器,在浏览器中打开 http://play.golang.org,浏览器中展示的代码都是可执行的;
- Sublime text,一个轻量、简洁、高效、跨平台的编辑器,具有配色方便以及兼容 vim 快捷键等优点;
- Eclipse,需要安装 GoClipse 插件,具有很高的集成性;
- LiteIDE,一款专门为 Go 语言开发的跨平台轻量级集成开发环境(IDE);
- Goland,一个符合人体工程学的新的商业 IDE。

由于 Go 代码的轻巧和模块化特征,所以一般的文本编辑工具就可以胜任 Go 开发工作。本书的所有代码均使用 Windows 上的 LiteIDE 开发工具完成。

2.2.1 LiteIDE

LiteIDE 是国人开发的 Google Go 语言的一个开发工具,图 2-4 和图 2-5 分别给出了其加载界面和欢迎界面,官方下载地址为 https://www.golangtc.com/download/liteide。

它是一款开源、跨平台、以 MimeType 为基础构建的轻量级 Go 语言集成开发环境(IDE)。它具有编译环境管理、项目文件系统管理、编译系统管理、简洁和开放的调试系统、KATE 语法高亮支持、WordApi 自动完成支持等特性。

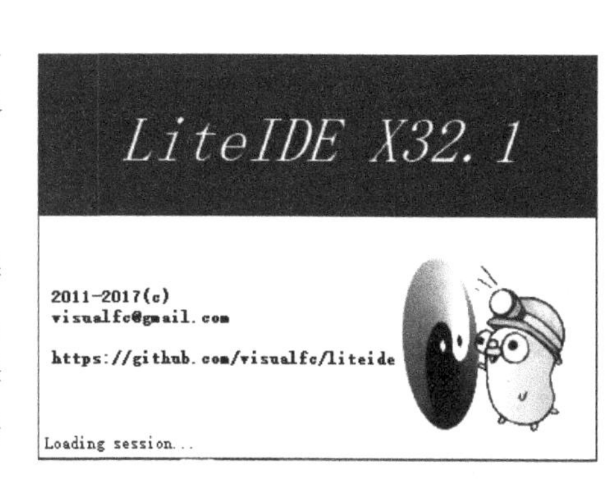

图 2-4 LiteIDE 的加载界面

2.2.2 Goland

Goland 的主界面如图 2-6 所示,官网下载地址为 https://www.jetbrains.com/go/。它整合了 IntelliJ 平台有关 Go 语言编码辅助功能和工具的集成特点。它具有以下特点:

(1) 编码辅助功能。IDE 会分析你的代码,然后在符号之间寻找连接。提供代码提示、快速导航、灵活的错误分析能力、格式化以及重构功能。

(2) 符合人体工程学的设计。强大的静态代码分析能力,符合人体工程学的设计,使开发者不仅仅是在工作,更会产生一种愉快的编程体验。

(3) 工具的集成。关键任务工具,例如代码覆盖工具、功能齐全的调试器和版本控制都

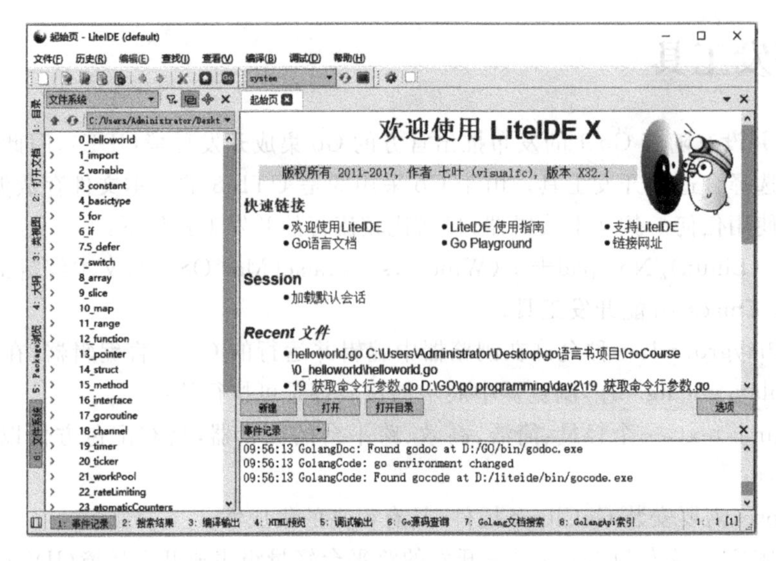

图 2-5　LiteIDE 的欢迎界面

集成在一起,而不会有一些随意安装的插件。

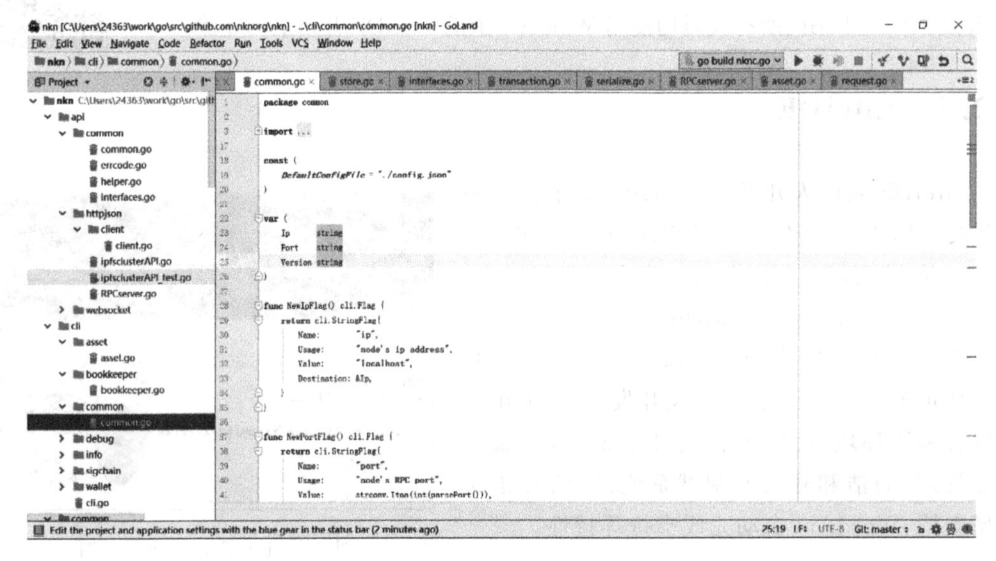

图 2-6　Goland 主界面

(4) IntelliJ 插件生态系统。除了丰富的内建工具,所需要的任何东西在 IntelliJ 插件生态系统中都可以找到。

2.2.3　Eclipse

Eclipse 是著名的跨平台的自由集成开发环境,操作主界面如图 2-7 所示,官方下载地址为 https://www.eclipse.org/downloads/。

最初 Eclipse 主要用于 Java 语言开发,通过安装不同的插件,Eclipse 可以支持不同的计算机语言，比如 C++和 Python 等。Eclipse 本身只是一个框架平台，但是众多插件的支持使得 Eclipse 拥有其他功能相对固定的 IDE 软件很难具有的灵活性。许多软件开发商以 Eclipse 为框架开发自己的 IDE。

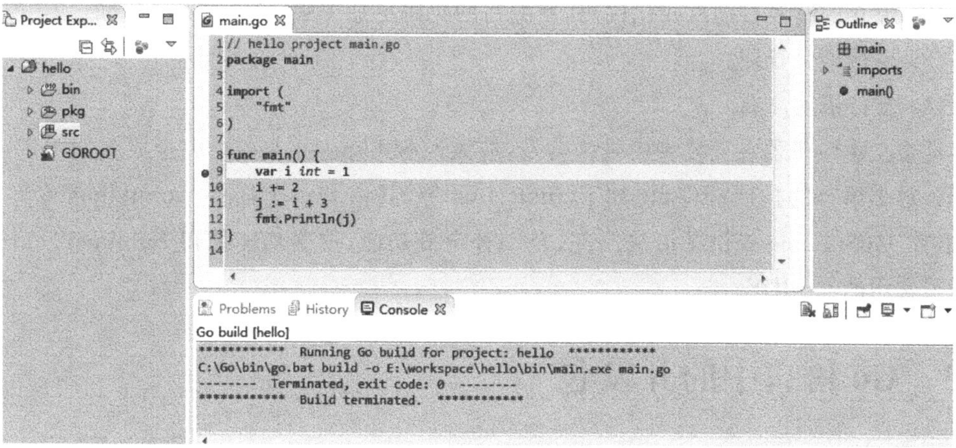

图 2-7 Eclipse 操作主界面

下载并在 Eclipse 中配置 GoClipse 插件，可以添加 IDE 功能来支持 Go。GoClipse 是 Eclipse 的一个插件，用于在 Eclipse 开发环境中提供对 Go 语言编程的支持。GoClipse 提供了可配置的语法高亮显示、自动文档补全、自动编译以及最重要的实验调试支持。

2.2.4 Sublime Text

Sublime Text 是一个代码编辑器(Sublime Text 2 是收费软件，但可以无限期试用)，也是 HTML 的文本编辑器，其操作主界面如图 2-8 所示。官网下载地址为 https://www.sublimetext.com/3。

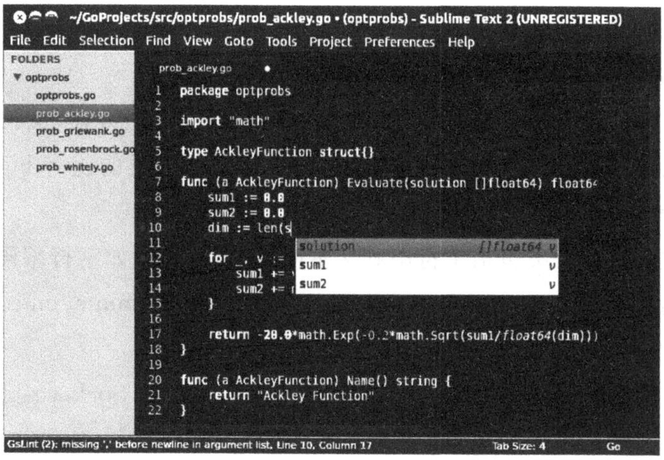

图 2-8 Sublime Text 操作主界面

Sublime Text 由程序员 Jon Skinner 于 2008 年 1 月开发，它最初被设计为一个具有丰富扩展功能的 Vim。其优点有：

(1) 自动化提示代码。

(2) 保存的时候自动格式化代码，使编写的代码更加美观，符合 Go 的标准。

(3) 支持项目管理。

(4) 支持语法高亮。

这个文本编辑器在开发者中较为普及，应该说 Sublime 并非一个完全成熟的 IDE，但是它具备很多语言的扩展插件，比如 Python、Lua 等，其中有一个插件 GoSublime 专门针对 Go 语言，GoSublime 提供了语法高亮、自动补全等功能，这些功能使得 Sublime Text 成为一个很实用的 Go IDE。

2.3 Go 语言中的开发包

2.3.1 Go 语言标准库

一门语言是否能够比较快地受到开发者的欢迎，除了语法特性外，语言所附带的标准库的功能完整性和易用性也是一个非常重要的评判标准。假如 Java 只有一个编译器而没有 JDK，C# 没有对应的.NET Framework，那么很难想象这两门语言可以流行。

Go 语言的发布版本附带了一个非常强大的标准库。如果能够快速定位相应的功能，会为开发者带来极大的便利。我们希望本节内容能够帮助学习 Go 语言的读者尽量快速定位到相应的包。

Go 语言标准库提供了源代码，且所有的包都有单元测试案例。在查看 Go 语言标准库文档时，可以随时单击库中的函数名跳转到对应的源代码。这些源代码具有相当高的参考价值，平时多查看对提高自己的 Go 语言开发水平会大有裨益。

Go 标准库按其中库的功能进行以下分类。

- 输入输出。这个分类包括二进制以及文本格式在屏幕、键盘、文件以及其他设备上的输入输出等，比如二进制文件的读写。对应于此分类的包有 bufio、fmt、io、log 和 flag 等，其中 flag 用于处理命令行参数。
- 文本处理。这个分类包括字符串和文本内容的处理，比如字符编码转换等。对应于此分类的包有 encoding、bytes、strings、strconv、text、mime、unicode、regexp、index 和 path 等，其中 path 用于处理路径字符串。
- 网络。这个分类包括开发网络程序所需要的包，比如 Socket 编程和网站开发等。对应于此分类的包有 net、http 和 expvar 等。
- 系统。这个分类包含对系统功能的封装，比如对操作系统的交互以及原子性操作等。对应于此分类的包有 os、syscall、sync、time 和 unsafe 等。

2.3.2 常用包介绍

本节介绍Go语言标准库里使用频率相对较高的一些包，如表2-1所示。熟悉了这些包后，使用Go语言开发一些常规的程序将会事半功倍。

表2-1 常用的Go包

常用包	说明
fmt	实现格式化的输入输出操作，其中的fmt. Printf()和fmt. Println()是开发者使用最为频繁的函数
io	实现了一系列非平台相关的IO相关接口和实现，比如提供了对OS中系统相关的IO功能的封装。在进行流式读写(比如读写文件)时，通常会用到该包
bufio	它在io的基础上提供了缓存功能。在具备了缓存功能后，bufio可以比较方便地提供ReadLine之类的操作
strconv	提供字符串与基本数据类型互转的能力
os	os包提供了操作系统函数的不依赖平台的接口。接口为UNIX风格。提供的功能包括文件操作、进程管理、信号和用户账号等
sync	它提供了基本的同步原语。在多个协程访问共享资源的时候，需要使用sync中提供的锁机制
flag	它提供命令行参数的规则定义和传入参数解析的功能。绝大部分的命令行程序都需要用到这个包
encoding/json	JSON目前广泛用作网络程序中的通信格式。本包提供了对JSON的基本支持，比如从一个对象序列化为JSON字符串，或者从JSON字符串反序列化出一个具体的对象等
http	http包提供了HTTP客户端和服务端的实现。只需要数行代码，即可实现一个爬虫或者一个Web服务器，这在传统语言中是无法想象的

2.3.3 其他包

一个优秀的标准库应该能够满足大部分开发需求，只在极少情况下，才需要依赖第三方库。除了2.3.2节提到的经常使用的一些包外，还有一些面对比较专业的问题或者特别复杂的问题时可能用到的第三方包，如表2-2所示。

表2-2 Go语言的一些第三方包

包名	用途
go-redis-memory-analysis	分析redis的内存
grapeSQLI	一种简单易用的SQL inject & XSS分析程序
gin-x	提高Gin框架开发效率的一个第三方包

更多第三方包，有需要的读者可以去Golang中国的官方网站下载，Go语言第三方包下载网站为https://golangtc.com/packages。

本章小结

本章作为 Go 语言必要的前提基础，首先介绍了 Golang 环境的安装，然后介绍了 LiteIDE、Goland、配置有 GoClipse 插件的 Eclipse、Sublime Text 等几个主流的 Go 语言开发工具。最后，简述了 Go 语言的常用的开发包以及第三方开发包。

课后练习

一、填空题

1. Go 语言的发布版本附带了一个非常强大的标准库，其中实现格式化的输入输出操作的包名为________；提供一系列非平台相关的 IO 相关接口和实现的包名为________；提供字符串与基本数据类型互转能力的包为________。

2. 试写出三种比较主流的 Go 语言开发工具：________、________、________。

二、实现题

1. 试简述 Go 语言对源程序进行语法分析的过程。

2. 动手实践：搭建 Go 语言开发和运行环境。

第3章

“Hello World”程序实现

本章正式开始 Go 语言的学习。与其他编程语言的学习一样，我们从最简单的“Hello World”程序开始，了解 Go 语言的基本语法规则。万丈高楼平地起，要想熟练掌握 Go 语言编程，就要打好基础，从最简单的程序去了解该语言开发的基本规则。

本章要点：

- 了解 Go 程序开发的基本规则及组成结构。
- 掌握 Go 语言的基本数据类型。
- 了解 Go 语言的派生数据类型。
- 熟悉 Go 语言的各类运算符。

3.1 Go 语言开发的基本规则

3.1.1 第一个 Go 程序

例 3.1 第一个 Go 程序。

```
package main
import "fmt"
func main() {
    //第一个 Go 程序
    fmt.Println("Hello, World!")
}
```

程序运行结果：

```
Hello, World!
```

从上面的简短代码中，可以看到一个 Go 程序基本包含以下几个部分：

- package 声明
- 导入 package
- 函数
- 变量
- 表达式
- 注释

对“Hello World”程序进行更深入的分析。首先，Go 程序是通过 package 来组织的，package main 告诉我们当前文件属于哪个独立运行的包，它在编译后会产生可执行文件。main 以外的其他包最后都会生成放置在 $GOPATH/pkg/$GOOS_$GOARCH 中的 *.a 文件。每一个可独立运行的 Go 程序，必定包含一个 package main，在这个 main 包中必定包含一个入口函数 main()，这个函数既没有参数，也没有返回值。

其次，调用一个来自于 fmt 包的函数 println()，用来打印 Hello World，所以在第二行中导入了系统级别的 fmt 包：import "fmt"。第三行通过关键字 func 定义了一个 main()函数，函数体被放在{}(花括号)中。最后调用了 fmt 包中定义的函数 printf()。

注意包名和包所在的文件夹名可以是不同的，此处的< pkgName >即为通过 package < pkgName >声明的包名，而非文件夹名。

3.1.2 包及其导入

1. 包的导入语法

在写 Go 代码的时候经常使用 import 这个命令来导入包文件，例如：

```
import(
"fmt"
)
```

然后在代码中可以通过如下方式调用：

```
fmt.Println("hello world")
```

fmt 是 Go 语言的标准库，其实是去 GOROOT 下加载该模块，当然 Go 的 import 还支持以下两种方式来加载自己写的模块。

(1) 相对路径。

```
import"./model"  //当前文件同一目录的 model 目录
```

(2) 绝对路径。

```
import"shorturl/model"  //加载 GOPATH/src/shorturl/
```

但是还有一些特殊的 import，下面是三种导入包的使用方法。

(1) 点操作。有时候会看到这样的方式导入包：import(. "fmt")。这个点操作的含义就是这个包导入之后在调用这个包的函数时，可以省略前缀的包名，也就是前面调用的 fmt. Println("hello world")可以省略地写成 Println("hello world")。

(2) 别名操作。可以把包命名为另一个容易记忆的名字 import(f "fmt")(导入 fmt，并起别名 f)。别名操作调用包函数时前缀变成了重命名的前缀，即 f. Println("hello world")。

(3) _操作。举一个 import 导入包的例子来理解一下_操作：

```
import ( "database/sql"
_ "github.com/ziutek/mymysql/godrv"
)
```

_操作只是引入该包。当导入一个包时，它所有的 init()函数就会被执行，使用_操作引用包无法通过包名来调用包中的导出函数，只是为了简单地调用其 init()函数。

2. 包的导入过程说明

程序的初始化和执行都起始于 main 包。如果 main 包还导入了其他的包，那么就会在编译时将它们依次导入。有时一个包会被多个包同时导入，那么它只会被导入一次。当一个包被导入时，如果该包还导入了其他的包，那么会先将其他包导入进来，然后再对这些包中的包级常量和变量进行初始化，接着执行 init()函数，以此类推。所有被导入的包都加载完毕了，就会开始对 main 包中的包级常量和变量进行初始化，然后执行 main 包中的 init()函数，最后执行 main()函数。

3.1.3 变量

变量是几乎所有编程语言中最基本的组成元素。从根本上说，变量相当于是对一块数据存储空间的命名，程序可以通过定义一个变量来申请一块数据存储空间，之后可以通过引用变量名来使用这块存储空间。

对于纯粹的变量声明，Go 语言引入了关键字 var，而类型信息放在变量名之后，格式如下：

```
var variableName  type
var v_name1,v_name2, v_name3  type
```

示例：

```
var v1 int
var v2 string
var v3 [10]int              //数组
var v4 []int                //数组切片
var v5 struct {
     f int
}
var v6 * int //指针
var v7 map[string]int       //map,key 为 string 类型,value 为 int 类型
var v8 func(a int) int
```

1. 变量声明

(1) 指定变量类型,声明后不赋值,使用默认值。例如:

```
var a  int
a = 12
```

(2) 根据值类型自动推导其变量类型。例如:

```
var a = 12
```

(3) 省略var,注意:=这个符号可以直接取代var关键字和变量类型,这种形式只能用在函数内部,并且:=左侧的变量不应该是已经声明过的,否则会导致编译错误。例如:

```
a := 10
```

例 3.2 变量的声明及打印。

```
package main
import "fmt"
var a = "Go实例"
var b string = "Are you ok?"
var c bool
func main() {
    fmt.Println(a, b, c)
}
```

程序运行结果:

```
Go实例 Are you ok? False
```

(4) 多变量声明。

```
//类型相同多个变量,非全局变量
var vname1, vname2, vname3 type
vname1, vname2, vname3 = v1, v2, v3
//和python很像,不需要声明类型,自动推断
var vname1, vname2, vname3 = v1, v2, v3
//出现在:=左侧的变量不应该是已经被声明过的,否则会导致编译错误
vname1, vname2, vname3 := v1, v2, v3
//下述写法一般用于声明全局变量
var (
    vname1 v_type1
    vname2 v_type2
)
```

例 3.3 多变量声明及打印。

```
package main
import "fmt"
var x, y int
var (
    a int
    b bool
```

```
)
var c, d int = 1, 2
var e, f = 123, "hello"
func main() {
    g, h := 123, "hello"
    fmt.Println(x, y, a, b, c, d, e, f, g, h)
}
```

程序运行结果：

```
0 0 0 false 1 2 123 hello 123 hello
```

2. 变量初始化

对于声明变量时需要进行初始化的场景，指定类型不是必需的，Go编译器可以从初始化表达式的右值推导出该变量的类型。形如：

```
var vname type = value
var vname = value                 //自动推导变量类型
var vname1, vname2, vname3 type = value1, value2, value3
var vname1, vname2, vname3 = value1, value2, value3      //自动推导变量类型
```

示例：

```
var v1 int = 10                   //正确的使用方式1
var v2 = 10                       //正确的使用方式2,编译器可以自动推导出v2的类型
```

3. 匿名变量

_(下画线)是个特殊的变量名，任何赋予它的值都会被丢弃。

```
_, b := 34, 35
```

3.1.4 常量

常量就是在程序编译阶段就确定下来的值，程序在运行时无法改变该值。在Go程序中，常量可以是数值类型(包括整型、浮点型和复数类型)、布尔类型、字符串类型等。

1. 定义常量

通过const关键字可以定义一个常量，语法如下：

```
const identifier [type] = value
```

可以省略类型说明符[type]，因为编译器可以根据变量的值来推断其类型。

- 显式类型定义：

```
const b string = "abc"
```

- 隐式类型定义：

```
const b = "abc"
```

多个相同类型的声明可以简写为：

```
const c_name1, c_name2 = value1, value2
```

例 3.4 常量的定义与赋值。

```
package main
import "fmt"
const (
    h = "周末代表数字:"
)
func main() {
    const weekends = 0
    fmt.Printf(" %s %d\n ", h, weekends)
}
```

程序运行结果：

```
周末代表数字: 0
```

2. 预定义常量

Go 语言中预定义了 true、false 以及 iota 三个常量。其中，true 和 false 的用法较为简单，放在 3.2.1 节介绍。本节主要围绕预定义常量 iota 展开讨论。

iota 是一个常量计数器，可以认为是一个被编译器修改的常量，在每个 const 关键字出现时，被重置为 0，然后在下一个 const 出现之前，每出现一次 iota，其所代表的数字会自动增加 1。iota 可以被用于枚举：

```
const (
    a = iota
    b = iota
    c = iota
)
```

第一个 iota 等于 0，每当 iota 在新的一行被使用时，它的值都会自动增加 1；以，a=0，b=1，c=2 可以简写为下面的形式：

```
const (
    a = iota
    b
    c
)
```

注意：如果两个 const 的赋值语句的表达式是一样的，那么可以省略后一个赋值表达式。

例 3.5 iota 的简单使用。

```
package main
import "fmt"
func main() {
    const (
        a = iota
        b
```

```
        c
    )
    fmt.Println(a, b, c)
}
```

程序运行结果：

```
0 1 2
```

3. 枚举

枚举是指一系列相关的常量。Go语言并不支持众多其他语言明确支持的enum关键字。在const后跟一对圆括号的方式定义一组常量，这种定义法在Go语言中通常用于定义枚举值。比如关于一个星期中每天的定义。下面是一个常规的枚举表示法，其中定义了一系列整型常量：

```
const (
    Sunday = iota
    Monday
    Tuesday
    Wednesday
    Thursday
    Friday
    Saturday
    numberOfDays            //这个常量没有导出
)
```

在上述示例中，在输入"Monday"的过程中，可以发现，当输入大写字母"M"时，编译器会导出"Monday"；当输入大写字母"F"时，编译器会导出"Friday"。而当输入numberOfDays时，则没有给出导出，说明Go语言并没有将numberOfDays归纳在星期这一枚举系列的定义中。

3.1.5 注释

Go提供了C风格的/* */块注释和C++风格的//行注释。块注释大多出现在程序包的注释中，但是在表达式中或者注释大量代码行的时候，块注释也是很有用的。

每一个包中都有一段包注释，对于有多个文件的包，包注释仅仅需要出现在一个文件中，在任何一个文件中都可以。包注释应该在介绍包的信息同时提供与整个包相关联的信息。

3.2 基本数据类型

3.2.1 布尔类型

Go语言中的布尔(bool)类型与其他语言基本一致，关键字也为bool，可赋值为预定义的true和false。

```
var v1 bool                    //声明后默认为 false
v1 = true
v2 := (1 == 2)                 //v2 也会被推导为 bool 类型
```

布尔类型不能接受其他类型的赋值，不支持自动或强制的类型转换。以下示例是一些错误的用法。

```
var b bool
b = 1                          //编译错误
b = bool(1)                    //编译错误
```

再通过一个程序来示范布尔类型正确的赋值方式。

例 3.6 布尔类型的赋值。

```
package main
import "fmt"
func main() {
    var b bool
    b = (1 != 0)               //编译正确
    fmt.Println("Result:", b)
}
```

程序运行结果：

```
Result: true
```

布尔的三种逻辑运算：&&(逻辑与)、‖(逻辑或)、!(逻辑非)。

比较操作符：<、>、==、!=、<=、>=。

3.2.2 整型类型

1. 种类

有符号：int8、int16、int32、int64；

无符号：uint8、uint16、uint32、uint64；

架构特定(取决于系统位数)：int、uint；

类型别名：Unicod 字符 rune 类型等价 int32、byte 等价 uint8；

特殊类型：uintptr，无符号整型、由系统决定占用位大小，足够存放指针即可，和 C 库或者系统接口交互。

2. 取值范围

表 3-1 列出了所有具体类型的取值范围，一共八个类型。

表 3-1 具体类型的取值范围

具体类型	取值范围
int8	－128～127
uint8	0～255
int16	－32 768～32 767
uint16	0～65 535

续表

具体类型	取值范围
int32	−2 147 483 648～2 147 483 647
uint32	0～4 294 967 295
int64	−9 223 372 036 854 775 808～9 223 372 036 854 775 807
uint64	0～18 446 744 073 709 551 615

3. 类型表示

需要注意的是，int 和 int32 在 Go 语言中被认为是两种不同的类型，编译器也不会做自动类型转换，比如以下例子：

```
var value2 int32          //声明后默认为 0
value1 := 64              //value1 将会被自动推导为 int 类型
value2 = value1           //编译错误
```

使用强制类型转换可以消除这个编译错误。

```
value2 = int32(value1)    //编译通过
```

3.2.3 浮点类型

浮点类型用于表示包含小数点的数据，Go 语言中的浮点类型采用 IEEE-754 标准的表达式。表 3-2 列出了两种浮点类型的取值范围。

表 3-2 浮点类型的取值范围

类型	最大值	最小非负数
float32	3.402 823 466 385 288 598 117 041 834 516 925 440e+38	1.401 298 464 324 817 070 923 729 583 289 916 131 280e−45
float64	1.797 693 134 862 315 708 145 274 237 317 043 567 981e+308	4.940 656 458 412 465 441 765 687 928 682 213 723 651e−324

1. 浮点数表示

在 Go 语言中，定义一个浮点数变量的代码如下：

```
var fvalue1 float32       //声明后默认为 0
fvalue2 := 12.0           //如果不加小数点，fvalue2 会被推导为整型而不是浮点型
```

2. 浮点数比较

因为浮点数不是一种精确的表达方式，所以像整型那样直接用==来判断两个浮点数是否相等是不可行的，这可能会导致不稳定的结果。下面推荐一种替代方案：

```
import "math"
func IsEqual(f1,f2,p float64) bool {
    return math.Abs(f1 - f2) < p
}
```

3.2.4 复数类型

复数实际上由两个实数(在计算机中用浮点数表示)构成：一个表示实部，一个表示虚部。

例 3.7 复数的表示。

```
package main
import "fmt"
func main() {
    var v1 complex64 //声明后默认为(0 + 0i)
    v1 = 3.2 + 12i
    v2 : = 3.2 + 12i
    v3 : = complex(3.2, 12)
    fmt.Println(v1, v2, v3)
}
```

程序运行结果：

```
(3.2 + 12i) (3.2 + 12i) (3.2 + 12i)
```

对于一个复数 z=complex(x,y)，可以通过 Go 语言的内建函数 real(z)获取复数 z 的实部，用 imag(z)获取复数 z 的虚部。

例 3.8 获取复数的实部和虚部。

```
package main
import "fmt"
func main() {
    var v1 complex64
    v1 = 3.2 + 12i
    fmt.Println(real(v1), imag(v1))
}
```

程序运行结果：

```
3.2 12
```

3.2.5 字符串类型

在第一个入门程序例 3.1 中，我们实现了打印字符串“Hello World!”。字符串作为 Go 语言的基本类型之一，它的内容在初始化后不可修改。由于本书之后会用一章的篇幅来详细介绍字符串的相关内容，故这里不多做解释。需要注意的是，在 Go 中字符串采用的是 UTF-8 编码，故保存文件时文件编码格式需改成 UTF-8(特别是在 Windows 下)。

3.3 派生数据类型

1. 指针 pointer

众所周知，每个变量都占有一个内存位置，每个内存位置都有其定义的地址，而指针就是一种存放地址的变量，一个指针变量指向了一个值的内存地址。一些 Go 编程任务使用指针更容易执行，还有一些 Go 程序如果不使用指针甚至无法实现其程序功能，例如通过引用调用。

2. 数组 array

数组是指一系列同一类型数据的集合，数组中包含的每个数据被称为数组元素(element)，一个数组包含的元素的个数被称为数组的长度。

3. 切片 slice

数组的长度在定义之后无法再次修改，且数组是值类型，每次传递都将产生一个副本，这无疑增加了系统内存的负担。而切片(slice)则弥补了数组的不足。初看起来，切片就像一个指向数组的指针，实际上它拥有自己的数据结构，而不仅仅是个指针。切片的数据结构可以抽象为以下三个变量：

- 一个指向原生数组的指针；
- 数组切片中的元素个数；
- 数组切片已分配的存储空间。

4. 映射 map

map 通过使用哈希表(hash)来实现，是一种无序的键值对(key-value)的集合。map 最重要的特点是可以通过键(key)来快速检索数据，键类似于索引，指向数据的值。由于 map 是一种集合，所以可以像迭代数组和切片那样迭代它。

5. 通道 channel

通道是 Go 语言在语言级别提供的协程间的通信方式，一般使用通道在两个或多个协程之间传递消息。通道是进程内的通信方式，运行在相同的地址空间，因此访问共享内存必须做好同步。协程通过通信来共享内存，而不是通过共享内存来通信。引用类型通道是内容安全策略(Content Security Policy，CSP)模式的具体实现，用于多个协程通信，其内部实现了同步，确保并发安全。

通道通过操作运算符<—来接收和发送数据。发送和接收数据的语法如下：

```
channel <-  value             //发送 value 到 channel
<- channel                    //接收并将其丢弃
x := <- channel               //从 channel 中接收数据,并赋值给 x
x,ok := <-  channel           //功能同上,同时检查通道是否关闭或者是否为空
```

6. 结构体 struct

结构体是一种聚合的数据类型，是由零个或多个任意类型的值聚合成的实体。每个值称为结构体的成员。

7. 接口 interface

接口是用来定义行为的类型。这些被定义的行为不由接口直接实现，而是通过方法由用户定义的类型实现。如果用户定义的类型实现了某个接口类型声明的一组方法，那么这个用户的类型的值就可以赋给这个接口类型的值。这个赋值会把用户定义的类型的值存入接口类型的值。

3.4 运算符

运算符是一个符号，通知编译器执行特定的数学或逻辑操作。Go语言有丰富的内建运算符，并提供以下类型的运算符：

- 算术运算符；
- 关系运算符；
- 逻辑运算符；
- 按位运算符；
- 赋值运算符；
- 其他(杂项)运算符。

3.4.1 算术运算符

表3-3显示了Go语言支持的所有算术运算符，假设变量A的值为10，变量B的值为20。

表3-3 算术运算符

运算符	描述	示例
+	添加两个操作数	A+B=30
-	从第一个操作数中减去第二个操作数	A-B=10
*	将两个操作数相乘	A*B=200
/	将分子除以分母	B/A=2
%	模数运算符，以及整数除法的余数	B%A=0
++	增加(递增)运算符，将整数值加1	A++=11
--	相减(递减)运算符，将整数值减1	A--=9

3.4.2 关系运算符

表3-4显示了Go语言支持的所有关系运算符，假设变量A的值为10，变量B的值为20。

表3-4 关系运算符

运算符	描述	示例
==	检查两个操作数的值是否相等，若值相等，则条件为真	(A==B) 结果为假
!=	检查两个操作数的值是否相等，若值不相等，则条件为真	(A!=B) 结果为真
>	检查左操作数的值是否大于右操作数的值，若是，则条件为真	(A>B) 结果为假

续表

运 算 符	描 述	示 例
<	检查左操作数的值是否小于右操作数的值，若是，则条件为真	(A<B) 结果为真
>=	检查左操作数的值是否大于或等于右操作数的值，若是，则条件为真	(A>=B) 结果为假
<=	检查左操作数的值是否小于或等于右操作数的值，若是，则条件为真	(A<=B) 结果为真

3.4.3 逻辑运算符

表 3-5 显示了 Go 语言支持的所有逻辑运算符，假设变量 A 的值为 1，变量 B 的值为 0。

表 3-5 逻辑运算符

运 算 符	描 述	示 例
&&	逻辑 AND 运算符，如果两个操作数都不为零，则条件为真	(A&&B)结果为真
‖	逻辑 OR 运算符。如果两个操作数中的任何一个非零，则条件变为真	(A ‖ B)结果为真
!	逻辑非运算符。用于反转操作数的逻辑状态。如果条件为真，则逻辑非运算符将为假	!(A&&B)结果为真

3.4.4 按位运算符

Go 语言支持的位运算符，如表 3-6 所示，假设变量 A=60，并且变量 B=13。

表 3-6 按位运算符

运 算 符	描 述	示 例
&	按位与运算符“&”是双目运算符。其功能是参与运算的两数相对应的二进位相与	(A&B)结果为 12，也就是 0000 1100
|	按位或运算符“|”是双目运算符。其功能是参与运算的两数相对应的二进位相式	(A | B)结果为 61，也就是 0011 1101
^	按位异或运算符“^”是双目运算符。其功能是参与运算的两数相对应的二进位相异式，当两对应的二进位相异时，结果为 1	(A ^B)结果为 49，也就是 0011 0001
<<	二进制左移位运算符，左操作数值向左移动由右操作数指定的位数	A<<2 结果为 240，也就是 1111 0000
>>	二进制右移位运算符，左操作数值向右移动由右操作数指定的位数	A>>2 结果为 15，也就是 0000 1111

按位运算符对位进行操作，并执行逐位操作。&、| 和^的真值表如表 3-7 所示。

表 3-7 按位运算符真值表

<table>
<tr><th>p</th><th>q</th><th>p & q</th><th>p | q</th><th>p ^ q</th></tr>
<tr><td>0</td><td>0</td><td>0</td><td>0</td><td>0</td></tr>
<tr><td>0</td><td>1</td><td>0</td><td>1</td><td>1</td></tr>
<tr><td>1</td><td>1</td><td>1</td><td>1</td><td>0</td></tr>
<tr><td>1</td><td>0</td><td>0</td><td>1</td><td>1</td></tr>
</table>

假设 A=60,B=13，使用按位运算符进行相关操作，以二进制的格式输出其运算结果，如表 3-8 所示。

表 3-8 A 与 B 按位运算结果

<table>
<tr><th>操　作</th><th>结果(二进制)</th></tr>
<tr><td>A</td><td>0011 1100</td></tr>
<tr><td>B</td><td>0000 1101</td></tr>
<tr><td>A&B</td><td>0000 1100</td></tr>
<tr><td>A|B</td><td>0011 1101</td></tr>
<tr><td>A ^B</td><td>0011 0001</td></tr>
<tr><td>~A</td><td>1100 0011</td></tr>
</table>

3.4.5 赋值运算符

表 3-9 列出了所有 Go 语言的赋值运算符。

表 3-9 赋值运算符

<table>
<tr><th>运 算 符</th><th>描　述</th><th>示　例</th></tr>
<tr><td>=</td><td>简单赋值操作符，将值从右侧操作数分配给左侧操作数</td><td>C=A+B，就是将 A+B 的值赋给 C</td></tr>
<tr><td>+=</td><td>相加和赋值运算符，向左操作数添加右操作数，并将结果赋给左操作数</td><td>C+=A 相当于 C=C+A</td></tr>
<tr><td>-=</td><td>减去和赋值运算符，从左操作数中减去右操作数，并将结果赋给左操作数</td><td>C-=A 相当于 C=C-A</td></tr>
<tr><td>*=</td><td>乘法和赋值运算符，它将右操作数与左操作数相乘，并将结果赋给左操作数</td><td>C*=A 相当于 C=C*A</td></tr>
<tr><td>/=</td><td>除法和赋值运算符，它用右操作数划分左操作数，并将结果分配给左操作数</td><td>C/=A 相当于 C=C/A</td></tr>
<tr><td>%=</td><td>模数和赋值运算符，它使用两个操作数来取模，并将结果分配给左操作数</td><td>C%=A 相当于 C=C%A</td></tr>
<tr><td><<=</td><td>左移和赋值运算符</td><td>C<<=2 相当于 C=C<<2</td></tr>
<tr><td>>>=</td><td>右移和赋值运算符</td><td>C>>=2 相当于 C=C>>2</td></tr>
<tr><td>&=</td><td>按位和赋值运算符</td><td>C&=2 相当于 C=C&2</td></tr>
<tr><td>^=</td><td>按位异或和赋值运算符</td><td>C ^=2 相当于 C=C ^2</td></tr>
<tr><td>|=</td><td>按位包含 OR 和赋值运算符</td><td>C |=2 相当于 C=C | 2</td></tr>
</table>

3.4.6 其他(杂项)运算符

如表 3-10 所示,还有一些其他重要的运算符包括 sizeof 和?:,在 Go 语言中也是支持的。

表 3-10 部分杂项运算符

运 算 符	描 述	示 例
&	返回变量的地址	&a 将给出变量 a 的实际地址
*	指向变量的指针	*a 是指向变量 a 的指针

3.5 类型转换与类型别名

1. 类型转换

Go 语言不存在隐式转换,必须显式转换,并且只能在两种相互兼容的类型间转换。

例 3.9 数据类型转换。

```
package main
import "fmt"
func main() {
    a := 3.14
    b := int(a)
    fmt.Println(b)
    var c int32 = 256
    var d = float64(c)
    fmt.Println(d)
}
```

程序运行结果:

```
3
256
```

2. 类型别名

Go 语言支持使用关键字 type 为数据类型起别名。

例 3.10 为数据类型名起别名。

```
package main
import "fmt"
type text string
func main() {
    var t text = "hello world"
    fmt.Println(t)
}
```

程序运行结果:

```
hello world
```

本章小结

本章围绕 Go 语言的第一个入门程序“Hello World”介绍了 Go 语言的基础知识。首先，通过“Hello World”的代码实例，引出一些最基本的语法规则，这就像一个传统，在学习大部分语言之前，要先学会编写一个可以输出 hello world 的程序。其次，本章依次对 Go 语言中的基础数据类型、派生数据类型以及各类运算符做了简要的介绍，力求读者能够通过本章的学习了解和掌握 Go 语言中的基础内容。

课后练习

一、判断题

1. Interface{}是可以指向任意对象的 Any 类型。 (　　)
2. 对于常量定义 zero(const zero = 0.0)，zero 是浮点型常量。 (　　)
3. channel 本身必然是同时支持读写的，所以不存在单向 channel。 (　　)

二、选择题

1. 关于函数声明，下列语法错误的是(　　)。
   A. func f(a, b int) (value int, err error)
   B. func f(a int, b int) (value int, err error)
   C. func f(a, b int) (value int, error)
   D. func f(a int, b int) (int, int, error)
2. 在 Go 语言中，flag 是 bool 型变量，下面 if 表达式符合编码规范的是(　　)。(多项)
   A. if flag == 1　　B. if flag　　C. if flag == false　　D. if ! flag
3. value 是整型变量，下面 if 表达式符合编码规范的是(　　)。(多项)
   A. If value== 0　　B. If value　　C. If value! = 0　　D. If! value
4. 定义一个包内全局字符串变量，下面语法正确的是(　　)。(多项)
   A. var str string　　B. str := ""　　C. str= ""　　D. var str = ""
5. 关于 cap 函数的适用类型，下面说法正确的是(　　)。(多项)
   A. array　　B. slice　　C. map　　D. channel

三、简答题

1. 以下内容表示什么？

```
var num int
var prt * int
num = 10
ptr = &num
```

2. 切片和数组的显著差异是什么？
3. cap()和 len()函数的区别是什么？

第2篇　核　心　篇

本篇介绍Go语言的核心内容。基础篇介绍了Go语言的一些基本知识，读者对Go语言程序设计的基础语法应该有了初步认识。本篇将带领读者全面认识Go语言的核心内容，让读者对Go语言的使用更加得心应手。

实践是一种非常重要的学习。在介绍本篇的基础概念时，配置了很多案例让读者参考学习。读者在学习过程中一定要秉持多看、多练习的方法观，才可以更好地掌握本篇的内容，为下一篇Go包的使用和将来的项目开发打下坚实的基础。

本篇主要介绍了流程控制、数组、切片、字典、字符串操作、函数、指针、接口、结构体、方法和并发等重要概念，分为八章。

第4章主要介绍了最基本的三种程序运行结构：顺序结构、选择结构和循环结构。

第5章介绍了三种便于用户管理集合数据的数据结构，主要介绍了它们的基本用法和注意事项。

第6章简单介绍字符串的连接、遍历、复制等基本操作。

第7章主要介绍Go语言的基本函数、具有多个返回值的函数、闭包函数、递归函数等常用函数的定义、使用和特性。

第8章主要介绍Go语言指针的定义和指针的用法。

第9章主要介绍结构体和方法的定义、结构体和方法的创建，并简单介绍嵌入式结构体。

第10章主要介绍Go语言中接口的定义以及如何实现接口。

第11章主要介绍协程和通道的基本用法、如何利用sync包实现goroutine同步及select的用法。

第4章

流 程 控 制

流程控制是为了控制程序语句的执行顺序，建立程序的逻辑结构，可以说，流程控制语句是整个程序的骨架。

Go 语言支持最基本的三种程序运行结构：顺序结构、选择结构和循环结构。前面接触到的程序都是顺序结构，本章重点介绍选择结构、循环结构和跳转语句的用法，以及需要注意的要点。

本章要点：

- 熟悉选择结构和循环结构。
- 掌握跳转语句的用法。
- 熟练掌握流程控制的各种语句。

4.1 选择结构

选择结构，即根据是否满足条件，有选择地跳转到相应的执行序列，主要有条件语句和 switch 语句两种。

4.1.1 条件语句

1. if 语句

关于 if 语句的程序代码如例 4.1 所示。

例 4.1 通过 if 语句判断变量的值。

```
package main
```

```
import "fmt"
func main() {
    a := 3
    if a == 3 {              //条件表达式没有括号
          fmt.Println("a = 3")
    }
}
```

程序运行结果：

```
a = 3
```

if 语句支持一个初始化表达式，初始化语句和条件表达式之间需要用分号(;)分隔。

例 4.2 if 语句支持的初始化表达式。

```
package main
import "fmt"
func main() {
    if a := 3; a == 3 {      //条件为真,指向{ }语句
        fmt.Println("a = 3")
    }
}
```

程序运行结果：

```
a = 3
```

2. if…else 语句

关于 if…else 语句的程序代码如例 4.3 所示。

例 4.3 通过 if…else 语句判断变量的值。

```
package main
import "fmt"
func main() {
    if a := 3; a == 4 {      //条件为假,指向 else 语句
         fmt.Println("a = 4")
    } else {                 //else 后面可以没有条件表达式
         fmt.Println("a != 4")
    }
}
```

程序运行结果：

```
a! = 4
```

3. if…else if…else 语句

if…else…语句仅适用于条件较少的程序，在条件较多的程序中使用会使程序变得冗长，不建议使用。这里介绍一种 if…else if…else 语句，会使得程序更加简洁。

例 4.4 通过 if…else if…else 语句判断变量的范围。

```
package main
import "fmt"
```

```
func main() {
    if a := 5; a == 10 {
        fmt.Println("a = 10")
    } else if a > 10 {
        fmt.Println("a > 10")
    } else if a < 10 {
        fmt.Println("a < 10")
    } else {
        fmt.Println("这是不可能的!")
    }
}
```

程序运行结果：

```
a < 10
```

4.1.2 switch 语句

switch 语句会根据传入条件的不同，选择执行不同的代码序列。关于 switch 语句的程序代码如例 4.5 所示。

例 4.5 通过 switch 语句判断按下的楼层。

```
package main
import "fmt"
func main() {
    num := 3
    switch num {                    //switch 后面的是变量本身
    case 1:
        fmt.Println("按下的是 1 楼")
    case 2:
        fmt.Println("按下的是 2 楼")
    case 3:
        fmt.Println("按下的是 3 楼")
    default:
        fmt.Println("按下的是 X 楼")
    }
}
```

程序运行结果：

```
按下的是 3 楼
```

switch 语句支持一个初始化语句，初始化语句和变量本身以分号(;)分隔。

例 4.6 switch 语句支持的初始化语句。

```
package main
import "fmt"
func main() {
    switch num := 3;num {           //初始化语句和变量用;分隔
    case 1:
```

```
            fmt.Println("按下的是 1 楼")
        case 2:
            fmt.Println("按下的是 2 楼")
        case 3:
            fmt.Println("按下的是 3 楼")
        default:
            fmt.Println("按下的是 X 楼")
        }
}
```

程序运行结果：

```
按下的是 3 楼
```

switch 后面可以没有条件表达式，可以在 case 后面放条件，甚至可以放多个条件，但每个 case 后面的条件不能重复。

例 4.7 通过 switch 语句判断分数等级。

```
package main
import "fmt"
func main() {
    score := 65
    switch {                          //没有条件表达式
    case score > 90:
        fmt.Println("优秀")
    case score > 80:
        fmt.Println("良好")
    case score > 70, score > 60:      //可以放多个条件
        fmt.Println("一般")
    default:
        fmt.Println("差")
    }
}
```

程序运行结果：

```
一般
```

① 条件表达式支持非常量值。

② 按从上到下、从左到右的顺序匹配 case 执行，只有全部匹配失败时，才会执行 default 语句。

Go 语言默认每个 case 最后都带有 break 关键字，匹配成功后不会自动向下执行其他 case，而是跳出整个 switch 语句。但是可以使用 fallthrough 关键字强制执行后面 case 的代码，如例 4.8 所示。

例 4.8 通过 fallthrough 关键字强制执行后面的代码。

```
package main
import "fmt"
func main() {
```

```
    switch num := 3;num {
    case 1:
        fmt.Println("按下的是 1 楼")
    case 2:
        fmt.Println("按下的是 2 楼")
    case 3:
        fmt.Println("按下的是 3 楼")
        fallthrough                    //强制执行下一 case
    case 4:
        fmt.Println("按下的是 4 楼")
    default:
        fmt.Println("按下的是 X 楼")
    }
}
```

程序运行结果：

```
按下的是 3 楼
按下的是 4 楼
```

4.2 循环结构

循环结构，即根据是否满足条件，循环多次执行某个序列。与多数编程语言不同的是，Go 语言只支持 for 循环，而不支持 while 和 do…while 结构。

4.2.1 for 语句

关于 for 循环的程序代码如下：

例 4.9 通过 for 循环实现 1～100 的累加。

```
package main
import "fmt"
func main() {
    /* for 初始化条件;判断条件;条件变化{
          1 + 2 + … + 100 累加
    }
    */
    sum := 0
    for i := 1; i <= 100; i++{
        sum += i
    }
    fmt.Println("sum = ", sum)
}
```

程序运行结果：

```
sum =  5050
```

上述程序实现了 1＋2＋…＋100 的累加功能，循环体执行了 100 次。初始化条件为

i：=1，判断条件是否为真，如果为真，执行循环体；如果为假，跳出循环体。

4.2.2 range

range关键字常和for循环搭配使用，可用for…range完成数据迭代，返回索引、键值数据，如例4.10所示。

例4.10 通过for…range得到字符串的索引和键值。

```
package main
import "fmt"
func main() {
    str := "abcd"
    //迭代打印每个元素,默认返回两个值:元素索引,元素键值
    for index, value := range str {
        fmt.Printf("str[%d] = %c\n", index, value)
    }
}
```

程序运行结果：

```
str[0] = a
str[1] = b
str[2] = c
str[3] = d
```

从例4.10可以看到，range具有两个返回值：第一个返回值是元素的数组下标，第二个返回值是元素的值。range也可以通过使用“_”来忽略其中一个返回值，达到只有一个返回值的目的。

例4.11 通过for…range只得到字符串的索引。

```
package main
import "fmt"
func main() {
    str := "abcd"
    //第二个返回值默认丢弃,只返回元素索引
    for index := range str {
        fmt.Printf("str[%d] = %c\n", index, str[index])
    }
    //第二个返回值使用"_"忽略,只返回元素索引
    for index, _ := range str {
        fmt.Printf("str[%d] = %c\n", index, str[index])
    }
}
```

程序运行结果：

```
str[0] = a
str[1] = b
str[2] = c
str[3] = d
```

```
str[0] = a
str[1] = b
str[2] = c
str[3] = d
```

4.3　跳转语句

与多数编程语言一样，Go 语言支持使用关键字 continue 和 break 来控制循环 Go 程序中的循环语句。除此以外，Go 语言还允许使用关键字 goto 来进行语句跳转。

4.3.1　break 和 continue

break 关键字常用于使用关键字 for、switch 以及 select 控制的循环语句，作用是终止整个循环体的执行。

例 4.12　通过 break 关键字跳出循环，打断变量 i 的打印。

```
package main
import "fmt"
func main() {
    for i := 0; i < 10; i++{
        if i > 3 {
            break                    //跳出循环，如果嵌套多个循环，跳出最近的那个
        }
        fmt.Printf("i = %d\n", i)
    }
}
```

程序运行结果：

```
i = 0
i = 1
i = 2
i = 3
```

continue 关键字仅用于 for 循环语句，终止本轮循环并开始下一轮循环（会先判断循环条件），如例 4.13 所示。

例 4.13　通过 continue 关键字实现对 0～10 的奇数的打印。

```
package main
import "fmt"
func main() {
    for i := 0; i < 10; i++{
        if i%2 == 0 {
            continue                 //跳出当前循环，开始下一轮循环
        }
        fmt.Printf("i = %d\n", i)
    }
}
```

程序运行结果：

```
i = 1
i = 3
i = 5
i = 7
i = 9
```

4.3.2 goto

goto 关键字可用于任何程序语句中，作用是定点跳转到本函数内的某个标签。定义了但未使用的标签会引发编译错误。

例 4.14 通过 goto 关键字实现跨行打印。

```
package main
import "fmt"
func main() {
//使用 goto 前，要定义标签，next 是用户定义的标签
    fmt.Println("111")
//如果没有 goto next 语句，错误：label next defined and not used
    goto next
    fmt.Println("222")
next:
    fmt.Println("333")
}
```

程序运行结果：

```
111
333
```

goto 关键字不能跨函数跳转，也不能跳转至内层代码块中。

例 4.15 验证 goto 关键字。

```
package main
import "fmt"
func test() {
test:
    fmt.Println("test")
}
func main() {
    for i := 0; i < 3; i++{
    next:
          fmt.Println("i = ", i)
    }
    goto test
    goto next
}
```

程序运行结果：

```
错误:label test not defined
错误:goto next jumps into block
```

本章小结

本章主要介绍了Go语言中程序运行的几种流程控制语句。首先，详细阐述了选择结构和循环结构，通过具体的程序示例对其做了详细介绍。其次，简单介绍了跳转语句中的关键字break、continue以及goto。学习完本章后，读者应该对流程控制的各种语句有深刻的了解，熟练地掌握并使用它们。

课后练习

一、选择题

1. 关于switch语句，下面说法正确的有(　　)。
   A. 条件表达式必须为常量或者整数
   B. 单个case中，不能出现多个结果选项
   C. 需要用break来明确退出一个case
   D. 只有在case中明确添加fallthrough关键字，才会继续执行紧跟的下一个case
2. 下列说法正确的是(　　)。
   A. goto关键字可用在任何编程语言中
   B. goto不能跨函数跳转，但可以跳转到内层其他代码块中
   C. continue语句只结束本次循环，但不终止整个循环的执行
   D. 对于嵌套循环，break语句在满足条件时跳出最外层循环体
3. 关于循环语句，下面说法正确的有(　　)。
   A. 循环语句既支持for关键字，也支持while和do…while
   B. 关键字for的基本使用方法与C/C++中没有任何差异
   C. for循环支持continue和break来控制循环，但是它提供了一个更高级的break，可以选择中断哪一个循环
   D. for循环支持以逗号为间隔的多个赋值语句

二、填空题

1. 下面程序的运行结果是(　　)。

```
for i := 0; i < 5; i++{
        defer fmt.Printf(" %d ", i)
}
```

2. 下面程序的运行结果是(　　)。

```
func main() {
    x := []string{"a", "b", "c"}
```

```
        for _, v := range x {
                fmt.Print(v)
        }
}
```

3. 下面的程序的运行结果是(　　)。

```
func main() {
        x := []string{"a", "b", "c"}
        for v := range x {
                fmt.Print(v)
        }
}
```

三、编程题

1. 编写程序求这样一个数：同时满足除 3 余 2，除 5 余 4，除 7 余 6，除 9 余 8，除 11 余 0。

2. 编写程序实现输出所有的水仙花数(三位数中个、十、百位的立方和等于这个数)。

3. 编写程序：要求用户输入一个年份和一个月份，判断(要求使用嵌套的 if…else 和 switch 分别判断一次)该年该月有多少天?

4. 请编写程序验证一下"角谷猜想"：对任意的自然数，若是奇数，就乘 3 加 1；若是偶数，就除以 2；这样得到一个新数，再按上述奇、偶数的计算规则进行计算，一直进行下去，最终将得到 1。

第5章

数组、切片和映射

使用任何一门编程语言来编写一个程序都会涉及读取和存储集合数据的情况。在进行数据库访问、文件访问、网络访问等操作时，使用某种数据结构来存储所接收的数据是十分必要的，而 Go 语言就提供了三种数据结构供用户管理集合数据：数组、切片和映射。这三种数据结构作为 Go 语言核心的一部分在标准库中被广泛使用。熟练地掌握这些数据结构会使 Go 语言编程变得更加方便、快捷。

本章要点：

- 了解数组、切片和映射的创建以及初始化过程。
- 熟知数组、切片和映射的使用方法。
- 掌握数组元素的元素访问过程。
- 熟悉切片赋值、切片增长和切片复制的过程。
- 掌握映射中元素赋值、查询和删除的方法。

5.1 数组

数组是 Go 语言编程中最常用的数据结构之一。顾名思义，数组就是指具有固定长度的一系列同一类型数据的集合。由于数组的长度固定，故在 Go 中很少直接使用。切片的长度可以改变，在很多场合下使用得更多。然而在理解切片之前，必须先理解数组。

数组是一种非常有用的数据结构，其所占用的内存是连续分配的。由于内存连续，CPU 能把正在使用的数据缓存更久的时间，而且内存连续很容易计算索引，可以快速迭代数组中的所有元素。数组的类型信息可以提供每次访问一个元素时需要在内存中移动的距离。既然数组的每个元素类型相同，又是连续分配，就可以以固定速度索引数组中的任意数据，而且速度非常快。

以下为一些常规的数组声明方法：

```
[32]byte                    //长度为 32 的数组,每个元素为一个字节
[2 * N] struct { x, y int32 } //复杂类型数组
[1000] * float64            //指针数组
[3][5]int                   //二维数组
[2][2][2]float64            //等同于[2]([2]([2]float64))
```

从上述声明方法可以看出，数组可以是多维的，比如[3][5]int 就表达了一个 3 行 5 列的二维整型数组，总共可以存放 15 个整型元素。

在 Go 语言中，数组长度定义后就不可更改了。在声明时长度可以为一个常量或者一个常量表达式(常量表达式是指在编译期即可计算结果的表达式)。数组的长度是该数组类型的一个内建常量，可以用 Go 语言的内建函数 len()来获取。

5.1.1 声明与初始化

声明数组时需要指定内部存储的数据的类型，以及需要存储的元素的数量，这个数量也称为数组的长度，代码如下所示：

```
var array [3]int
//声明一个包含三个元素的整型数组
```

一旦声明，数组中存储的数据类型和数组长度就都不能改变了。如果需要存储更多的元素，就需要先创建一个更长的数组，再把原来数组里的值复制到新数组中。

在 Go 语言中声明变量时，总会使用对应类型的零值来对变量进行初始化。数组也不例外。当数组初始化时，数组内每个元素都初始化为对应类型的零值。在图 5-1 中，可以看到整型数组中的每个元素都初始化为 0，也就是整型的零值。

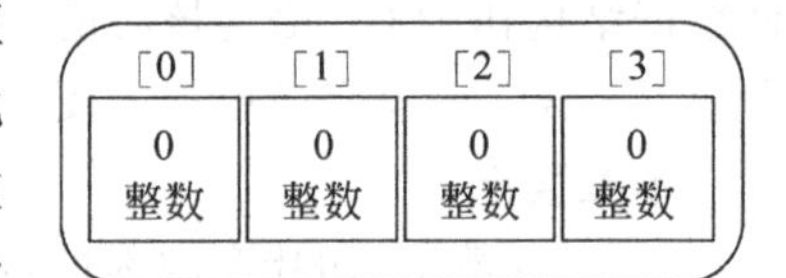

图 5-1 整型数组的声明

一种快速创建数组并初始化的方式是使用数组字面量。数组字面量允许在声明数组元素数量的同时指定每个元素的值，代码如下所示：

```
//声明一个包含五个元素的整型数组
//用具体值初始化每个元素
array := [5]int{10, 20, 30, 40, 50}
```

如果使用…替代数组的长度，Go 语言会根据初始化时数组元素的数量来确定该数组的长度，代码如下所示：

```
//声明一个整型数组
//用具体值初始化每个元素
//容量由初始化值的数量决定
array := [...]int{10, 20, 30, 40, 50}
```

如果知道数组的长度而且准备给每个值都指定具体值，就可以使用下面这种语法：

```
//声明一个有五个元素的数组
```

```
//用具体值初始化索引为 1 和 2 的元素
//其余元素保持零值
array := [5]int{1: 10, 2: 20}
```

5.1.2 元素访问

可以使用数组下标来访问数组中的元素。与 C 语言相同，数组下标从 0 开始，len(array)－1 表示最后一个元素的下标。

例 5.1 遍历整型数组并逐个打印元素内容。

```
package main
import "fmt"
func main() {
    var a [2]int
    a[0] = 10
    a[1] = 12
    for i := 0; i < len(a); i++{
        fmt.Printf("a[%d] = %d\n", i, a[i])
    }
}
```

程序运行结果：

```
a[0] = 10
a[1] = 12
```

Go 语言还提供了一个关键字 range，用于便捷地遍历容器中的元素。当然，数组元素也可以使用 range 来遍历。

例 5.2 使用关键字 range 遍历数组元素。

```
package main
import "fmt"
func main() {
    var a [2]int
    a[0] = 10
    a[1] = 12
    for i, v := range a {
        fmt.Println("Array element[", i, "] = ", v)
    }
}
```

程序运行结果：

```
Array element[ 0 ] = 10
Array element[ 1 ] = 12
```

从例 5.2 可以看出，range 具有两个返回值：第一个返回值是元素的数组下标，第二个返回值是元素的值。

5.1.3 值类型

需要特别注意的是，在 Go 语言中数组是一个值类型(value type)。所有的值类型变量在赋值和作为参数传递时都将产生一次复制动作。如果将数组作为函数的参数类型，则在函数调用时该参数将发生数据复制。因此，在函数体中无法修改传入的数组的内容，因为函数内操作的只是所传入数组的一个副本。

例 5.3 数组中元素值的修改。

```
package main
import "fmt"
func modify(a [4]int) {
    a[3] = 3                    //试图修改数组的第一个元素
    fmt.Println("In modify(), the values in a is:", a)
}
func main() {
    a := [4]int{1, 2, 3, 4}     //定义并初始化一个数组
    modify(a)                   //传递给一个函数,并试图在函数体内修改这个数组的内容
    fmt.Println("In main(),the values in a is:", a)
}
```

程序运行结果：

```
In modify(), the values in a is: [1 2 3 3]
In main(),the values in a is: [1 2 3 4]
```

从上述程序运行结果可以看出，函数 modify()内操作的数组与 main()中传入的数组是两个不同的实例。5.2 节将详细介绍如何用数组切片实现该功能。

5.2 切片

切片是围绕动态数组的概念构建的，可以按需自动扩充和缩减。切片的动态扩充是通过内建函数 append()来实现的，该函数可以快速且高效地扩充切片，还可以通过对切片再次切片来改变切片的大小。因为切片的底层内存也是在连续块中分配的，所以切片还有能获得索引、迭代以及优化垃圾回收的好处。

数组和切片是紧密关联的。切片是一种轻量级的数据结构，可以用来访问数组的部分或全部元素，而这个数组称为切片的底层数组。

切片有三个属性：指针、长度和容量。

(1) 指针指向数组的第一个可以从切片中访问的元素，这个元素并不一定是数组的第一个元素。

(2) 长度是指切片中的元素个数，它不能超过切片的容量。Go 的内建函数 len()可以返回切片的长度。

(3) 容量的大小通常是指从切片的起始元素到底层数组的最后一个元素间元素的个数。Go 的内建函数 cap()可以返回切片的容量。

图 5-2 以一个整型切片为例，说明切片的实现方式。

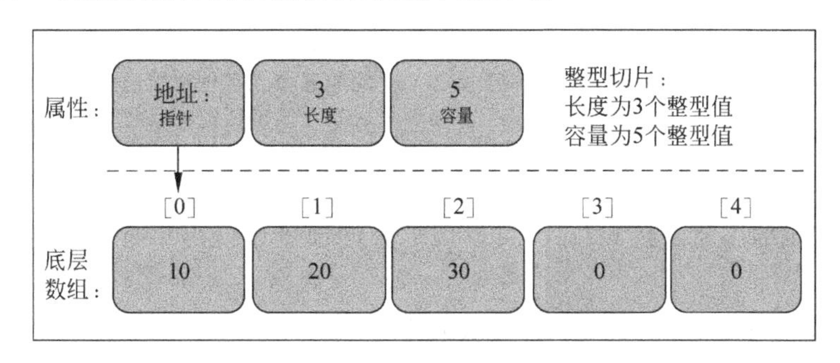

图 5-2　切片内部实现：底层数组

5.2.1　创建与初始化

创建数组切片的方法主要有两种——基于数组和直接创建。

1. 基于数组

数组切片可以基于一个已存在的数组创建。数组切片可以只使用数组的一部分元素或者整个数组来创建，甚至可以创建一个比其基于的数组还要大的数组切片。

例 5.4　基于一个数组来创建数组切片。

```
package main
import "fmt"
func main() {
    //先定义一个数组
    var myArray [10]int = [10]int{1, 2, 3, 4, 5, 6, 7, 8, 9, 10}
    //基于数组创建一个数组切片
    var mySlice [ ]int = myArray[ :5]
    fmt.Println("Elements of myArray: ")
    for _, v : = range myArray {
        fmt.Printf(" %d ", v)
    }
    //range 迭代打印数组中的每个元素，默认返回两个值：第一个是元素位置，第二个是元素本身
    fmt.Println("\nElements of mySlice: ")
    for _, v : = range mySlice {
        fmt.Printf(" %d ", v)
    }
    fmt.Println()
}
```

程序运行结果：

```
Elements of myArray:
1 2 3 4 5 6 7 8 9 10
Elements of mySlice:
1 2 3 4 5
```

Go 语言支持用 myArray[first：last] 这样的方式来基于数组生成一个数组切片，而且

这个用法还很灵活，比如下面几种都是合法的：

```
mySlice = myArray[:]              //基于 myArray 的所有元素创建数组切片:
mySlice = myArray[:5]             //基于 myArray 的前五个元素创建数组切片
mySlice = myArray[5:]             //基于从第五个元素开始的所有元素创建数组切片
```

2. 直接创建切片

Go 语言提供的内建函数 make()可以用于直接创建数组切片而不需要事先准备一个数组。

例 5.5 使用内建函数 make()创建数组切片。

```
package main
import "fmt"
func main() {
    mySlice1 := make([]int, 5)
    fmt.Print("elements of slice is:")
    for _, data := range mySlice1 {
        fmt.Printf(" %d ", data)
    }
    fmt.Println()
}
```

程序运行结果：

```
elements of slice is: 0 0 0 0 0
```

创建一个初始元素个数为 5 的数组切片，元素初始值为 0，并预留 10 个元素的存储空间。

```
mySlice2 := make([]int, 5, 10)
```

直接创建并初始化包含 5 个元素的数组切片。

```
mySlice3 := []int{1, 2, 3, 4, 5}
```

实际上，使用内建函数 make()直接创建切片，系统还是会创建一个匿名数组，只是不需要我们来操心而已。

5.2.2 使用切片

在介绍完切片的概念以及如何创建切片以后，本节将简单介绍如何使用切片。

1. 切片赋值

对切片中某个索引指向的元素赋值和对数组中某个索引指向的元素赋值的方法完全一样。使用[]操作符就可以改变某个元素的值。

例 5.6 使用切片字面量来声明切片。

```
package main
import "fmt"
func main() {
    //创建一个整型切片
```

```
    //其容量和长度都是 5 个元素
    slice := []int{10, 20, 30, 40, 50}
    //改变索引为 1 的元素的值
    slice[1] = 25
    fmt.Println("输出切片中的元素:")
    for i, data := range slice {
        fmt.Printf("slice[%d] = %d\n", i, data)
    }
}
```

程序运行结果：

```
输出切片中的元素:
slice[0] = 10
slice[1] = 25
slice[2] = 30
slice[3] = 40
slice[4] = 50
```

切片之所以被称为切片，是因为创建一个新的切片就是把底层数组切出一部分。

例 5.7 使用切片来创建切片。

```
package main
import "fmt"
func main() {
    //创建一个整型切片
    //其长度和容量都是五个元素
    slice := []int{10, 20, 30, 40, 50}
    //创建一个新切片
    //其长度为两个元素，容量为四个元素
    newSlice := slice[1:3]
    fmt.Println("newSlice 的元素为:")
    for i, data := range newSlice {
        fmt.Printf("newSlice[%d] = %d\n", i, data)
    }
}
```

程序运行结果：

```
newSlice 的元素为:
newSlice[0] = 20
newSlice[1] = 30
```

执行完上述程序中的切片动作后，就有了两个切片，它们共享同一段底层数组，但通过不同的切片会看到底层数组的不同部分，如图 5-3 所示。

第一个切片能够看到底层数组全部五个元素的容量，而通过该切片创建的 newSlice 则看不到。对于 newSlice，底层数组的容量只有四个元素。newSlice 无法访问到它所指向的底层数组的第一个元素之前的部分。所以，对 newSlice 来说，之前的那些元素就是不存在的。

当两个切片共享同一个底层数组时，如果一个切片修改了该底层数组的共享部分，那么

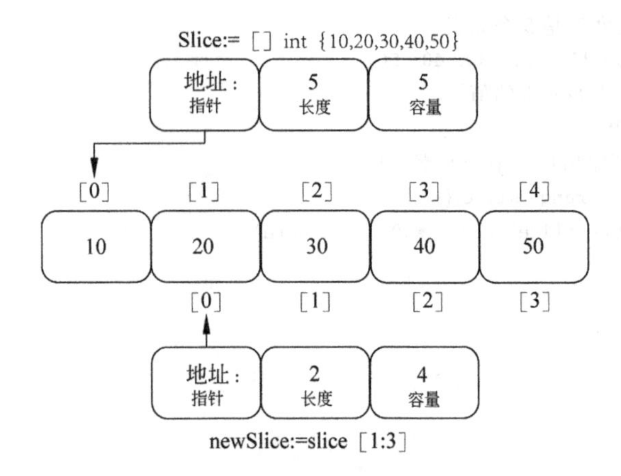

图 5-3　共享同一底层数组的两个切片

另一个切片也会相应发生改变。下述程序描述了修改切片内容可能导致的结果。

例 5.8　修改底层数组切片内容会发生相应改变。

```
package main
import "fmt"
func main() {
    //创建一个整型切片
    //其长度和容量都是五个元素
    slice := []int{10, 20, 30, 40, 50}
    //创建一个新切片
    //其长度是两个元素,容量是四个元素
    newSlice := slice[1:3]
    //修改 newSlice 索引为 1 的元素
    //同时也修改了原来的 slice 的索引为 2 的元素
    newSlice[1] = 4
    fmt.Println("The element of the slice :")
    for i, data := range slice {
        fmt.Printf("slice[%d] = %d\n", i, data)
    }
    fmt.Println("The element of the newSlice :")
    for v, data2 := range newSlice {
        fmt.Printf("newSlice[%d] = %d\n", v, data2)
    }
}
```

程序运行结果：

```
The element of the slice :
slice[0] = 10
slice[1] = 20
slice[2] = 4
slice[3] = 40
slice[4] = 50
The element of the newSlice :
newSlice[0] = 20
```

```
newSlice[1] = 4
```

从上述程序可以看出，把 4 赋值给 newSlice 的第二个元素（索引为 1 的元素）的同时也是在修改原来的 slice 的第三个元素（索引为 2 的元素），原理如图 5-4 所示。

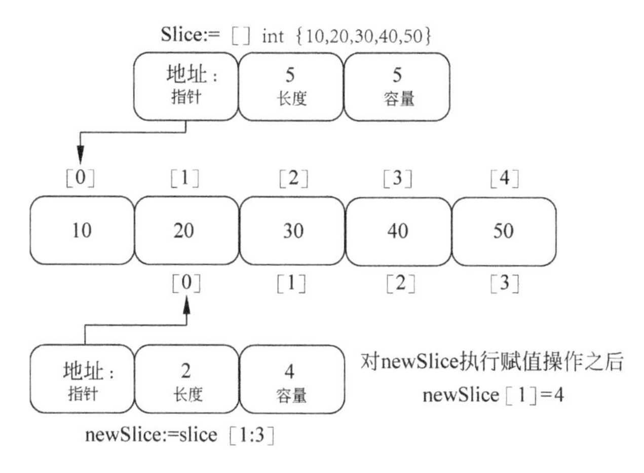

图 5-4 赋值操作之后的底层数组

切片只能访问到其长度内的元素，试图访问超出其长度的元素将会导致语言运行时异常，如例 5.9 所示。与切片的容量相关联的元素只能用于增长切片。在使用这部分元素前，必须将其合并到切片的长度中。

例 5.9 访问超出切片长度的元素。

```
package main
import "fmt"
func main() {
    //创建一个整型切片
    //其长度和容量都是五个元素
    slice := []int{10, 20, 30, 40, 50}
    //创建一个新切片
    //其长度为两个元素,容量为四个元素
    newSlice := slice[1:3]
    //修改 newSlice 索引为 3 的元素
    //这个元素对于 newSlice 来说并不存在
    newSlice[3] = 45
    for i, data := range newSlice {
        fmt.Printf("newSlice[%d] = %d\n", i, data)
    }
}
```

程序运行结果：

```
panic: runtime error: index out of range
```

上述程序中，当我们要打印 newSlice 切片的第三个元素时，因出现索引超出切片范围而报错。

切片有额外的容量是很好，但是如果不能把这些容量合并到切片的长度中，这些容量就没有用处。利用Go语言中的内建函数append()来做这种合并很容易。

2. 切片增长

相对于数组而言，使用切片的一个好处是，可以按需增加切片的容量。Go语言内建的append()函数会处理增加长度时的所有操作细节。

当然，在具体介绍内建函数append()前，还需要先介绍另外两个Go语言的内建函数：cap()和len()。

例5.10 查看切片的长度和容量。

```
package main
import "fmt"
func main() {
  mySlice : = make([]int, 5, 10)
  mt.Println("len(mySlice):", len(mySlice))
  fmt.Println("cap(mySlice):", cap(mySlice))
}
```

程序运行结果：

```
len(mySlice): 5
cap(mySlice): 10
```

可以看出，cap()函数返回的是数组切片分配的空间大小，而len()函数返回的是数组切片中当前所存储的元素个数。如果需要在上例中myslice包含的五个元素后面扩充新元素，可以使用append()函数。

要使用append()函数，需要一个被操作的切片和一个要追加的值，如例5.11所示。当append()调用返回时，会返回一个包含修改结果的新切片。函数append()总是会增加新切片的长度，而容量有可能会改变，也可能不会改变，这取决于被操作的切片的可用容量。

例5.11 使用append()函数增加切片长度。

```
packagezmain
importZ"fmt"
func main() {
    //创建一个整型切片
    //其长度和容量都是五个元素
    slice : = []int{10, 20, 30, 40, 50}
    //创建一个新切片
    //其长度为两个元素，容量为四个元素
    newSlice : = slice[1:3]
    //使用原有的容量来分配一个新元素
    //将新元素赋值为60
    newSlice = append(newSlice, 60)
    fmt.Println("The element of the slice :")
    for i, data : = range slice {
          fmt.Printf("Slice[ %d] = %d\n", i, data)
    }
    fmt.Println("The element of the newSlice :")
    for v, data2 : = range newSlice {
          fmt.Printf("newSlice[ %d] = %d\n", v, data2)
```

```
    }
}
```

程序运行结果：

```
The element of the slice :
Slice[0] = 10
Slice[1] = 20
Slice[2] = 30
Slice[3] = 60
Slice[4] = 50
The element of the newSlice :
newSlice[0] = 20
newSlice[1] = 30
newSlice[2] = 60
```

当上述代码中的 append 操作完成后，两个切片和底层数组的布局如图 5-5 所示。

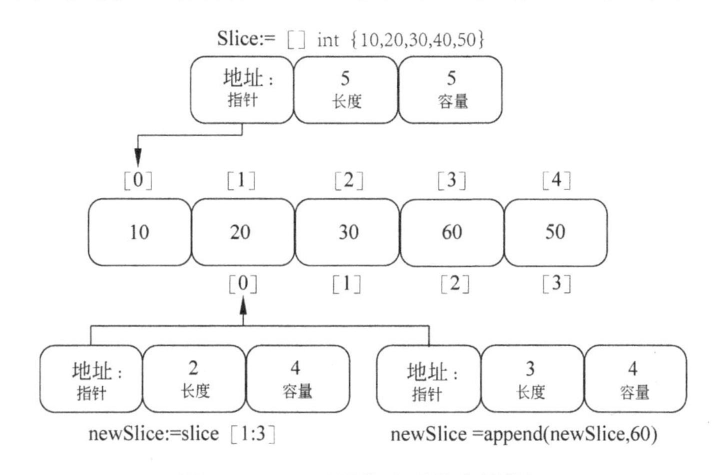

图 5-5 append 操作之后的底层数组

因为 newSlice 在底层数组中还有额外的容量可用，所以 append 操作将可用的元素合并到切片的长度，并对其进行赋值。由于和原始的切片共享同一个底层数组，切片中索引为 3 的元素的值也被改动了。

如果切片的底层数组没有足够的可用容量，那么 append()函数会创建一个新的底层数组，将被引用的现有的值复制到新数组中，再追加新的值。

例 5.12 使用 append()函数增加切片容量。

```
package main
import "fmt"
func main() {                        //创建一个整型切片
    //其长度和容量都是四个元素
    slice := []int{10, 20, 30, 40}
    //向切片追加一个新元素
    //将新元素赋值为 50
    newSlice := append(slice, 50)
    fmt.Println("len(slice):", len(slice))
    fmt.Println("cap(slice):", cap(slice))
```

```
    fmt.Println("len(newSlice):", len(newSlice))
    fmt.Println("cap(newSlice):", cap(newSlice))
}
```

程序运行结果：

```
len(slice): 4
cap(slice): 4
len(newSlice): 5
cap(newSlice): 8
```

可以发现，当这个 append 操作完成后，newSlice 拥有一个全新的底层数组，这个数组的容量是原来的两倍，如图 5-6 所示。

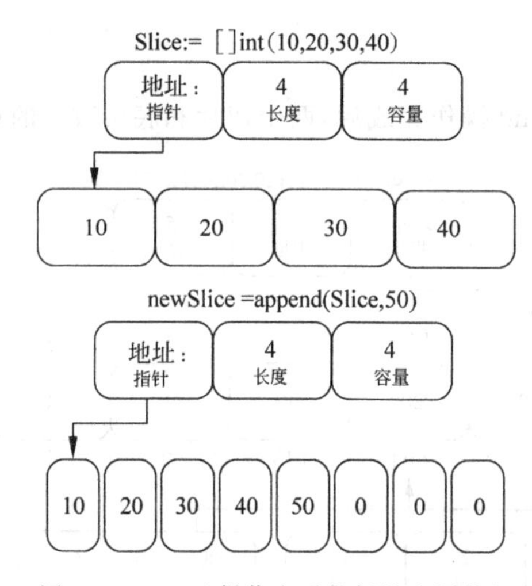

图 5-6　append 操作之后的新的底层数组

append()函数会智能地处理底层数组的容量增长。在切片的容量小于 1000 个元素时，总是会成倍地增加容量。而当元素个数超过 1000 时，容量的增长因子会设为 1.25，也就是每次会增加 25%的容量。

3. 切片复制

数组切片支持 Go 语言的另一个内建函数 copy()，用于将内容从一个数组切片复制到另一个数组切片。如果加入的两个数组切片不一样大，就会按其中较小的那个数组切片的元素个数进行复制。例 5.13 展示了 copy()函数的功能。

例 5.13　使用 copy()函数复制切片。

```
package main
import "fmt"
func main() {
    slice1 := []int{1, 2, 3, 4, 5}
    slice2 := []int{5, 4, 3}
    copy(slice2, slice1)          //只会复制 slice1 的前三个元素到 slice2 中
    fmt.Println("The element of the slice1 :")
    for i, data := range slice1 {
        fmt.Printf("Slice[%d] = %d\n", i, data)
```

```
        }
        fmt.Println("The element of the slice2 :")
        for v, data2 : = range slice2 {
            fmt.Printf("newSlice[ %d] = %d\n", v, data2)
        }
    }
```

程序运行结果：

```
The element of the slice1 :
Slice[0] = 1
Slice[1] = 2
Slice[2] = 3
Slice[3] = 4
Slice[4] = 5
The element of the slice2 :
newSlice[0] = 1
newSlice[1] = 2
newSlice[2] = 3
```

从上述程序运行结果可以看出，切片 slice2 的长度为 3，使用函数 copy()将切片 slice1 复制给 slice2，只会复制 slice1 的前 3 个元素到 slice2 中。

5.3 映射

Go 语言中的映射(map、字典，以下统称为映射)是一种内建的数据结构，它是一个无序的键值对的集合。如图 5-7 所示，电话号码和与之对应的公共机构，就构成一个简单的映射。例如：

```
inf: = map[int]string{
110:"警察局",
114:"查号中心",
119:"消防局",
120:"急救中心"}
```

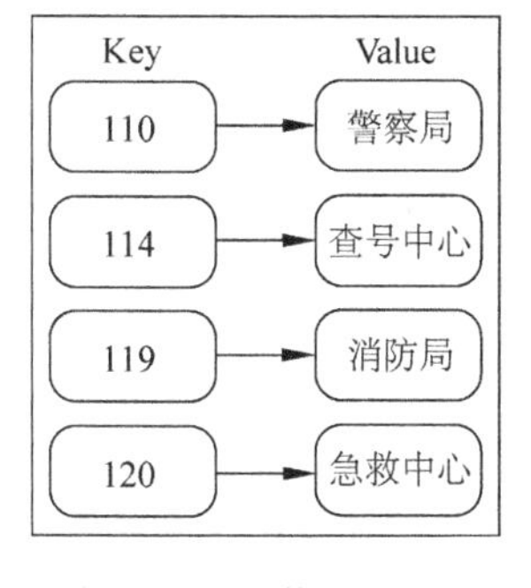

图 5-7 键值对的关系

map 格式为：

```
map[keyType]valueType
```

在一个映射中所有的键都是唯一的，切片、函数以及包含切片的结构类型由于具有引用语义，不能作为映射的键，只用这些类型会造成编译错误。例 5.14 演示了一个以切片为键创建的映射。

例 5.14 以切片为键创建映射。

```
package main
import "fmt"
func main() {
    //创建一个映射，使用字符串切片作为映射的键
```

```
    dict := map[[]string]int{}
    fmt.Println(dict)
}
```

程序运行结果：

```
.\test.go:7:10: invalid map key type []string
```

可以发现，出现了编译错误。

5.3.1 创建和初始化

Go语言中有很多种方法可以创建并初始化映射。本节介绍两种声明方法，如例5.15和例5.16所示。

例5.15 使用make函数创建并初始化一个映射。

```
package main
import "fmt"
func main() {
    //创建一个映射，键的类型是string，值的类型是int
    dict := make(map[string]int)
    //创建一个映射，键和值的类型都是string
    //使用两个键值对初始化映射
  fmt.Printf("The element of the dict: %v\n", dict)
}
```

程序运行结果：

```
The element of the dict:map[]
```

例5.16 使用映射字面量来创建一个空映射。

```
package main
import "fmt"
func main() {
    //创建一个映射，使用字符串切片作为映射的键
    dict := map[string]int{}
    fmt.Println("打印新建映射:", dict)
}
```

程序运行结果：

```
打印新建映射:map[]
```

通过上述两例，可以看出两种方法都可以成功地创建一个新映射。

5.3.2 使用映射

1. 赋值

键值对赋值给映射，是通过指定适当类型的键并给这个键赋一个值来完成的，如例5.17所示。

例 5.17 映射的赋值。

```
package main
import "fmt"
func main() {
    //创建一个空映射,用来存储电话号码以及对应的公共服务机构
    Telnum := map[int]string{}
    //将 110 的代码加入到映射
    Telnum[110] = "警察局"
    fmt.Println("\nThe element in Telnum:", Telnum)
}
```

程序运行结果:

```
The element in Telnum: map[110:警察局]
```

2. 元素查询

测试映射中是否存在某个键是映射的一个重要操作。这个操作允许用户写一些逻辑来确定是否完成了某个操作或者是否在映射中缓存了特定数据。这个操作也可以用来比较两个映射,来确定哪些键值对互相匹配,哪些键值对不匹配。

从映射取值时有两个选择。第一个选择是,可以同时获得值,以及一个表示这个键是否存在的标志,如例 5.18 所示。

例 5.18 通过键名在映射中取值。

```
package main
import "fmt"
func main() {
    Telnum := map[int]string{}
    //将 110 的代码加入到映射
    Telnum[110] = "警察局"
    Telnum[112] = "急救中心"
    //获取键 112 对应的值
    value, exists := Telnum[112]
    //这个键存在吗?
    if exists {
        fmt.Println("\n112 对应的键值是:", value)
    } else {
        fmt.Println("it's not exist")
    }
}
```

程序运行结果:

```
112 对应的键值是: 急救中心
```

另一个选择是,只返回键对应的值,然后通过判断这个值是不是零值来确定键是否存在,如例 5.19 所示。

例 5.19 通过判断键值来确定键是否存在。

```
package main
import "fmt"
```

```
func main() {
    Telnum := map[int]string{}
    //将 110 的代码加入到映射
    Telnum[110] = "警察局"
    Telnum[112] = "急救中心"
    //获取键 112 对应的值
    value := Telnum[112]
    //这个键存在吗?
    if value != "" {
        fmt.Println("\n112 对应的键值是:", value)
    }
}
```

程序运行结果：

```
112 对应的键值是: 急救中心
```

在 Go 语言中，通过键来索引映射时，即便这个键不存在也会返回一个值。在这种情况下，返回的是该值对应的类型的零值。

迭代映射中的所有值与迭代数组或切片一样，使用关键字 range，但对于映射来说，range 返回的不是索引和值，而是键值对。如例 5.20 所示。

例 5.20 使用 range 返回映射的键值对。

```
package main
import "fmt"
func main() {
    //创建一个映射,存储号码以及号码对应的公共服务机构
    Telnum := map[int]string{
        110: "警察局",
        112: "急救中心",
        114: "查号中心",
        119: "消防中心",
    }
    //显示映射中的所有号码
    for key, value := range Telnum {
        fmt.Printf("\nKey: %d,Value: %s", key, value)
}
}
```

程序运行结果：

```
Key:110,Value:警察局
Key:112,Value:急救中心
Key:114,Value:查号中心
Key:119,Value:消防中心
```

3. 元素删除

Go 语言提供了一个内建函数 delete()，用于删除映射内的元素，如例 5.21 所示。

例 5.21 用 delete() 函数删除映射内的元素。

```
package main
import "fmt"
func main() {
    //创建一个映射，存储号码以及号码对应的公共服务机构
    Telnum : = map[ int]string{
        110: "警察局",
        112: "急救中心",
        114: "查号中心",
        119: "消防中心",
    }
    //删除键为 119 的键值对
    delete(Telnum, 119)
    //显示映射中的所有号码
    for key, value : = range Telnum {
        fmt.Printf("\nKey: % d,Value: % s", key, value)
    }
}
```

程序运行结果：

```
Key:110,Value:警察局
Key:112,Value:急救中心
Key:114,Value:查号中心
```

如果 119 这个键不存在，那么这个调用将什么都不发生，也不会有什么副作用。但是如果传入的 map 变量的值是 nil，那么该调用将导致程序抛出异常(panic)。

本章小结

本章中主要介绍了三种复杂数据结构的相关内容：数组、切片、映射。首先介绍数组，由于数组的长度固定，故在 Go 语言中很少直接使用，但数组是构造切片和映射的基石，要想理解切片和映射，必须先要掌握数组的相关内容。其次，介绍了切片和数组，Go 语言中经常使用切片来处理数据的集合，使用映射来处理具有键值对结构的数据。内建函数 make()可以创建切片和映射，并指定原始的长度和容量，也可以直接使用切片和映射字面量，或者使用字面量作为变量的初始值。切片有容量限制，利用内建函数 append()可以达到扩展容量的目的，而映射的增长没有容量或者任何限制。内建函数 len()可以用来获取切片或者映射的长度，内建函数 cap()只能用于切片，使用内建函数 copy()可以用来复制切片。

课后练习

一、判断题

1. 使用数组的过程中，发现已声明数组的长度不能满足实际需要，可以继续增加数组长度。 ( )

2. 一个数组可以存放许多不同类型的数值。 ( )

3. 创建数组切片的方法主要有两种：基于数组和直接创建。 (   )

4. 使用内建函数 append()可以实现按需增加切片容量的功能。 (   )

5. 一个映射中的所有键都是唯一的，切片、函数以及包含切片的结构类型可以作为映射的键。 (   )

二、选择题

1. 使用语句 mySlice：=make([]int,5,10)所创建的切片，长度和容量分别为(   )。

A. 5,10　　B. 10,5　　C. 5,5　　D. 10,10

2. 下述程序的结果中，数组 a 中的元素为(   )。

```
package main
import "fmt"
func modify(a [4]int) {
    a[1] = 3
}
func main() {
    a := [4]int{1, 2, 3, 4}
    modify(a)
}
```

A. [0,0,0,0]　　B. [1,2,3,4]　　C. [1,3,3,4]　　D. [3,2,3,4]

三、填空题

1. Go语言中，可以调用内建函数________来获得数组切片的长度，而数组切片的容量则可以通过内建函数________来获得。

2. 切片有三个属性，分别是________、________、________。

3. 程序设计：为一个班级创建一个学生登记表，该班有五名学生，登记表中有一组学号，每个学号对应一个学生，每个学生有名字和年龄。

第6章

string操作

在 Go 语言中,字符串是一种基本数据类型。与 C/C++不同的是,Go 语言中的字符串不需要借助字符数组来表示,而是以静态方式存储。当字符串初始化以后,不能像操作字符数组那样直接修改字符串的内容。本章将详细介绍 Go 语言中的字符串所支持的基本操作。

本章要点:

- 理解 string 的概念、声明以及初始化。
- 掌握 string 的连接、遍历以及多种常用的字符串操作。
- 掌握对 string 长度的检查方法以及对数据的复制方法。

6.1 string 介绍

字符串实际上就是一串固定长度的字符连接起来的字符序列,可以包含任意数据。Go 语言中字符串的声明和初始化非常简单。

例 6.1 字符串的声明、初始化和打印。

```
package main
import "fmt"
func main() {
    var str string //声明变量
    str = "abcd" //初始化
    fmt.Println("str = ", str)
}
```

程序运行结果：

```
str =   abcd
```

字符串也支持自动推导类型的做法。

例 6.2 获取变量 str 的类型。

```
package main
import "fmt"
func main() {
    str := "abcd" //自动推导类型
    fmt.Printf("str 的类型是 %T\n", str)
}
```

程序运行结果：

```
str 的类型是 string
```

字符串可以用双引号" "定义，也能使用反引号`` 定义。反引号``定义最大的好处就是支持跨行操作。

例 6.3 反引号``实现字符串跨行打印。

```
package main
import "fmt"
func main() {
    str := `abc
                def`        //跨行
    fmt.Println("str = ", str)
}
```

程序运行结果：

```
str =   abc
                def
```

6.2 连接字符串

6.2.1 字符串的连接方式

字符串连接是指将两个字符串拼接起来，构成一个新的字符串。string 连接主要有四种方式。

1. 使用加号(+)运算符

例 6.4 通过加号运算符将 str1 和 str2 连接成一个新的字符串。

```
package main
import "fmt"
func main() {
```

```
    str1 := "abcd"
    str2 := "efgh"
    fmt.Println("String = ", str1 + str2)      //加号连接字符串
}
```

程序运行结果：

```
String =  abcdefgh
```

在 Go 语言中，string 都是不可改变的，每次使用加号(+)运算符都会产生一个新的字符串，这会导致产生很多临时的、无用的字符串，会给 gc(garbage collection，Go 语言的垃圾回收器)带来额外负担，所以这种方式性能较差。

2. 调用 fmt.Sprintf()函数

函数定义格式：

```
func Sprintf(格式化样式,参数列表)String
```

格式化样式：字符串形式，如“%s%s”。

参数列表：多个参数以逗号分隔，个数必须与格式化样式中的个数一一对应。

功能：将参数列表中的多个参数以格式化样式的形式输出。

例 6.5 通过 fmt.Sprintf()函数将 str1 和 str2 连接成一个新的字符串。

```
package main
import "fmt"
func main() {
    str1 := "abcd"
    str2 := "efgh"
    String := fmt.Sprintf("%s%s", str1, str2) //%s 以字符串格式打印
    fmt.Println("String = ", String)
}
```

程序运行结果：

```
String =  abcdefgh
```

该方式内部使用字节数组实现，虽然不会产生太多临时的字符串，但是内部逻辑比较复杂，有很多额外的判断。除此之外，还需要用到 interface 接口，所以性能也不是很好。

3. 调用 strings.Join()函数

函数定义格式：

```
func Join(a []string, sep string) string
```

功能：将一系列字符串连接为一个字符串，字符串之间用 sep 间隔。

例 6.6 通过 strings.Join()函数将 str1 和 str2 连接成一个新的字符串。

```
package main
import (
    "fmt"
    "strings"
```

```
)
func main() {
    str := []string{"ab", "cd", "ef"}
    String := strings.Join(str, "")          //将 str 用""拼接
    fmt.Println("String = ", String)
}
```

程序运行结果：

```
String =  abcdef
```

Join()函数会先根据字符串数组的内容，计算出一个拼接之后的长度，然后申请对应大小的内存，依次将字符串填入。该种方式在已有一个数组的前提下，可以提高程序的执行效率。但实际上，原先内存中并没有为拼接之后的字符串所创建好的数组，所以本质上创建这个数据的代价并不小。

4. 调用 buffer. WriteString()函数

函数定义格式：

```
func (b *Writer) WriteString(s string) (int, error)
```

功能：写入一个字符串 s，返回写入的字节数。如果返回值 n< len(s)，还会返回 error 说明错误原因。

例 6.7 调用 buffer. WriteString()函数将 str1 和 str2 连接成一个新的字符串。

```
package main
import (
    "bytes"
    "fmt"
)
func main() {
    var buf bytes.Buffer
    n, err := buf.WriteString("abcd")
    if err == nil {
          fmt.Println("n = ", n)
          fmt.Println("buf = ", buf.String())
    } else {
          fmt.Println(err.Error())
    }
    buf.WriteString("efgh")
    fmt.Println("buf = ", buf.String())
}
```

程序运行结果：

```
n = 4
buf = abcd
buf = abcdefgh
```

这种方式比较理想，可以当作一个可变长字符串来使用，对内存的增长也有优化。如果能够预估字符串的长度，还可以用 buffer. Grow()接口来设置缓存容量。

6.2.2　连接方式性能比较

(1) 较少字符串连接的场景下直接使用加号运算符会使代码简短清晰，可读性好。

(2) 如果需要拼接的不仅仅是字符串，还有数字之类的其他需求的话，可以考虑 fmt. Sprintf()函数。

(3) 在已有字符串数组的场合，使用 strings. Join()函数有比较好的性能。

(4) 在一些性能要求较高的场合，尽量使用 buffer. WriteString()函数以获得更好的性能。

6.3　解析字符串

字符串是由字符连接起来的字符序列，因此一定会涉及对其中某些字符的操作。本节简单介绍对 string 的遍历以及一些常用操作。

6.3.1　遍历字符串

Go 语言支持三种方式遍历字符串，根据实际情况选择即可。

1. 常规方式遍历字符串

例 6.8　通过函数 len()遍历字符串。

```
package main
import "fmt"
func main() {
    str := "Hello World!"
    for i := 0; i < len(str); i++{              //函数 len()遍历字符串
        fmt.Printf("str[%d] = %c\n", i, str[i])
    }
}
```

程序运行结果：

```
str[0] = H
str[1] = e
str[2] = l
str[3] = l
str[4] = o
str[5] =
str[6] = W
str[7] = o
str[8] = r
str[9] = l
str[10] = d
str[11] = !
```

由于此遍历方式是按照字节遍历，如果有中文等非英文字符，就会出现乱码，比如要遍历"Hello 中国"这个字符串，程序运行结果如下：

```
str[0] = H
str[1] = e
str[2] = l
str[3] = l
str[4] = o
str[5] =
str[6] = ä
str[7] = .
str[8] = -
str[9] = å
str[10] =
str[11] = 1/2
```

可见这不是我们想要的结果，由此引出下面第二种遍历方法。

2. for…range 方式遍历字符串

该方式按照字符对字符串进行遍历，所以不会出现乱码。

例 6.9 通过 for…range 方式遍历字符串。

```
package main
import "fmt"
func main() {
    str := "Hello 中国"
    for index, value := range str {            //for…range 方式遍历字符串
        fmt.Printf("str[%d] = %c\n", index, value)
    }
}
```

程序运行结果：

```
str[0] = H
str[1] = e
str[2] = l
str[3] = l
str[4] = o
str[5] =
str[6] = 中
str[9] = 国
```

从结果可以看到，该遍历方式对中英文字符都有效，但是出现了新的问题，中文的下标具有不确定性。为了解决这一问题，由此引出下面第三种遍历方式。

3. 切片遍历方式

该遍历方式是先将字符串转成[]rune 切片，然后再用常规方式进行遍历。

例 6.10 通过切片方式遍历字符串。

```
package main
import "fmt"
func main() {
    str := "Hello 中国"
```

```
    str1 := []rune(str)                    //转成[]rune 切片
    for i := 0; i < len(str1); i++{             //函数 len()遍历
        fmt.Printf("str1[%d] = %c\n", i, str1[i])
    }
}
```

程序运行结果：

```
str1[0] = H
str1[1] = e
str1[2] = l
str1[3] = l
str1[4] = o
str1[5] =
str1[6] = 中
str1[7] = 国
```

由此可见，下标是按步长 1 递增的，没有产生跳跃现象。

6.3.2 字符串操作

对字符串的操作主要是通过导入 strings 包来实现，strings 包实现了用于操作字符的简单函数。本节只对平时常用的一些操作进行简单介绍，更多的字符串操作，请参考标准库 strings 包。

1. strings.Contains()

函数定义格式：

```
func Contains(s, substr string) bool
```

功能：判断字符串 s 是否包含子串 substr，返回一个布尔值。

例 6.11 判断字符串是否包含子串。

```
package main
import (
    "fmt"
    "strings"
)
func main() {
    fmt.Println(strings.Contains("abcd", "c"))      //"abcd"是否包含"c"
    fmt.Println(strings.Contains("abcd", "e"))      //"abcd"是否包含"e"
}
```

程序运行结果：

```
true
false
```

2. strings.Index()

函数定义格式：

```
func Index(s, sep string) int
```

功能：子串 sep 在字符串 s 中第一次出现的位置，不存在则返回－1。

例 6.12 子串在字符串中出现的第一次位置。

```
package main
import (
    "fmt"
    "strings"
)
func main() {
    fmt.Println(strings.Index("chicken", "ken"))
    //"ken"在"chicken"中出现的位置
    fmt.Println(strings.Index("chicken", "dmr"))      //不存在则返回 - 1
}
```

程序运行结果：

```
4
-1
```

3. strings. Repeat()

函数定义格式：

```
func Repeat(s string, count int) string
```

功能：返回 count 个 s 串联的字符串。

例 6.13 重复字符串 count 次。

```
package main
import (
    "fmt"
    "strings"
)
func main() {
    fmt.Println("ba" + strings.Repeat("na", 2))      //重复"na"2 次
}
```

程序运行结果：

```
banana
```

4. strings. Replace()

函数定义格式：

```
func Replace(s, old, new string, n int) string
```

功能：返回将 s 中前 n 个不重叠 old 子串都替换为 new 的新字符串，如果 n＜0，则替换所有 old 子串。

例 6.14 替换字符串 s 中前 n 个 old 为 new。

```
package main
import (
    "fmt"
```

```
    "strings"
)
func main() {
//"oink oink oink"中的前 2 个"k"替换成"ky"
//"oink oink oink"中的所有"oink"替换成"moo"
    fmt.Println(strings.Replace("oink oink oink", "k", "ky", 2))
    fmt.Println(strings.Replace("oink oink oink", "oink", "moo", -1))
}
```

程序运行结果：

```
oinky oinky oink
moo moo moo
```

5. strings.Split()

函数定义格式：

```
func Split(s, sep string) []string
```

功能：用去掉 s 中出现的 sep 的方式进行分割，会分割到结尾，并返回生成的所有片段组成的切片（每个 sep 都会进行一次切割，即使两个 sep 相邻，也会进行两次切割）。如果 sep 为空字符，那么 Split 会将 s 切分成每一个 unicode 码值一个字符串。

例 6.15 去掉字符串 s 中的 sep，起到分割的目的。

```
package main
import (
    "fmt"
    "strings"
)
func main() {
        /* 去掉"a,b,c"中的所有","
     去掉"a man a plan a canal panama"中的所有"a "
     去掉" xyz "中的所有""
   */
   fmt.Printf("%q\n", strings.Split("a,b,c", ","))
   fmt.Printf("%q\n", strings.Split("a man a plan a canal panama", "a "))
   fmt.Printf("%q\n", strings.Split(" xyz ", ""))
}
```

程序运行结果：

```
["a" "b" "c"]
["" "man " "plan " "canal panama"]
[" " "x" "y" "z" " "]
```

6.4 检查字符串长度

6.3 节讨论了一种检查字符串长度的方法，即将字符串转换为[ ]rune 切片后调用函数 len()进行统计，这里不再赘述。除此之外，还有三种方法可以检查字符串的长度。

6.4.1 调用 bytes.Count()函数

函数定义格式：

```
func Count(s, sep []byte) int
```

功能：如果参数 sep 为 nil，返回 s 的 Unicode 代码点数+1；不为空则 Count 计算 s 中有多少个不重叠的 sep 子切片。

例 6.16 调用 bytes.Count()函数检查字符串长度。

```
package main
import (
    "bytes"
    "fmt"
)
func main() {
    str := "Hello 中国"
    len := bytes.Count([]byte(str), nil) - 1
    fmt.Println("len(str) = ", len)
}
```

程序运行结果：

```
len(str) =  8
```

6.4.2 调用 strings.Count()函数

函数定义格式：

```
func Count(s, sep string) int
```

功能：如果 sep 为空字符串，返回字符串的长度+1，否则计算字符串 sep 在 s 中出现的次数。

例 6.17 调用 strings.Count()函数检查字符串长度。

```
package main

import (

    "fmt"

    "strings"

)

func main() {

    fmt.Println(strings.Count("cheese", "e"))

    fmt.Println(strings.Count("five", "") - 1)        //字符串的长度 - 1

}
```

程序运行结果：

```
3
4
```

6.4.3 调用 utf8. RuneCountInString()函数

utf8 包实现了对 utf-8 文本的常用函数和常数的支持，包括 rune 和 utf-8 编码 byte 序列之间互相翻译的函数。

函数定义格式：

```
func RuneCountInString(s string) (n int)
```

功能：返回 s 中的 utf-8 编码的码值的个数。错误或者不完整的编码会被视为宽度为 1 字节的单个码值。

例 6.18 调用 utf8. RuneCountInString()函数检查字符串长度。

```
package main
import (
    "fmt"
    "unicode/utf8"
)
func main() {
    str := "Hello,世界"
    fmt.Println("bytes =", len(str))                        //字节数
    fmt.Println("runes =", utf8.RuneCountInString(str)) //字符数
}
```

程序运行结果：

```
bytes = 12
runes = 8
```

6.5 数据复制

在 Go 语言中，数据复制主要用到的是 copy()函数，该函数主要是切片(slice)的复制，不支持数组。将第二个切片中的元素复制到第一个切片中，复制的长度为两个切片中长度较小的长度值。

例 6.19 将第二个切片中的元素复制到第一个切片。

```
package main
import "fmt"
func main() {
    s := []int{1, 2, 3}
    fmt.Println("s = ", s)
    copy(s, []int{4, 5, 6, 7, 8, 9})                    //后者的数据复制到前者
    fmt.Println("s = ", s)
}
```

程序运行结果：

```
[1 2 3]
[4 5 6]
```

关于字符串的数据复制，有一种特殊的用法，将字符串当成[ ]byte类型的切片。

例 6.20 字符串数据的复制。

```
package main
import "fmt"
func main() {
    bytes := []byte("hello world")
    copy(bytes, "ha ha")                    //将"ha ha"复制到字符串中
    fmt.Println(string(bytes))              //强制转换类型为 string
}
```

程序运行结果：

```
ha ha world
```

本章小结

本章主要介绍了关于字符串的一些操作。首先，对 string 的概念、声明以及初始化做了详细阐述。其次，采用内容和示例相结合的方式，深入描述了字符串的连接、遍历以及多种常用的字符串操作。最后，对字符串长度的检查以及字符串数据的复制做了详细的介绍。

学习完本章后，读者需要对 string 中的各种常用操作有深刻的了解，平时要多练习，熟练掌握字符串的操作。

课后练习

一、选择题

1. 关于字符串，下面说法正确的是(　　)。
   A. 字符串支持自动推导类型
   B. 定义一个字符串变量 str，则该变量是指向字符串第一个元素的指针
   C. 可以通过赋值语句对字符串中的某个元素进行修改
   D. 可以通过 copy()函数对字符串数组进行数据复制
2. 关于字符串连接，下面语法正确的是(　　)。
   A. str：='abc'+'123'　　B. str：='abc'+"123"
   C. str：='123'+"abc"　　D. fmt.Sprintf("abc%d",123)

二、填空题

1. 下面的程序的运行结果是________。

```
func main() {
        str := "hello"
        str[0] = 'x'
```

```
        fmt.Println(str)
    }
```

2. 下面的程序的运行结果是________

```
func main() {
    s := "hello"
    s = "c" + s[1:]
    fmt.Printf("%s\n", s)
}
```

三、编程题

1. 编写代码把十六进制表示的串转换为三进制表示的串。例如 x=5,则返回 12;x="F",则返回 120;x="5F",则返回 12120。

2. 编写一个程序,求字符串"this is a apple"内字符 a 所在的位置。

3. 编写一个程序,要求任意给定一个字符串,求其逆序。

4. 编写一个程序,把一个字符串的大写字母放到字符串的后面,各个字符的相对位置不变。

5. 编写一个程序实现字符串重排:给一个原始字符串,根据该字符串内每个字符出现的次数,按照 ASCII 码递增顺序重新调整输出。提示:原始字符串中只会出现字母和数字。

第7章

函　　数

函数是基本的代码块，可以通过函数来划分不同功能，逻辑上每个函数执行的都是指定的任务。函数能够把一系列执行语句打包成一个程序单元，也能够把复杂的工作分解为更小的任务，让不同的程序员在不同时间、不同地点独立完成，使得多人协作变得更加容易。另外，函数还可以对其用户隐藏实现的细节。这些优点使得函数变成了一个程序不可或缺的最重要的部分之一。本章重点讨论 Go 语言中的基本函数类型，及匿名函数与闭包、递归函数等特殊函数的特性。

本章要点：

- 了解函数的基本组成。
- 熟悉带参（多参数）函数、含返回值（多返回值）函数。
- 掌握闭包函数和递归函数。

7.1　创建一个简单函数

在 Go 语言中，函数的基本组成包括关键字 func、函数名、参数列表、返回值、函数体和返回语句 return。Go 语言中函数定义格式如下。

```
func FuncName(参数列表)(返回类型){
    函数体
    return
}
```

函数定义说明如下：

(1) func——函数由关键字 func 开始声明。

(2) FuncName——函数名称。函数名称首字母的大小写影响着此函数的可见性。如果定义的函数名称首字母为大写，则表示该函数能被其他包访问或调用；如果首字母为小写，则表示该函数只能在包内使用。

(3) 参数列表——描述了函数的参数名和参数类型。函数可以没有参数，但是参数列表的括号不可以省略。函数不支持默认参数。

(4) 返回类型——描述了函数返回值的变量名和类型。

(5) 函数体——函数定义的代码集合。这是一个函数的主体部分，函数所有的功能都要在这里实现。

了解了函数定义的格式，现在来创建一个无参无返回值的简单函数。

例 7.1 无参无返回值类型函数。

```
package main
import "fmt"
//无参无返回值函数的定义
func Myfunc() {
    a := 1
    fmt.Println("a = ", a)
}
func main() {
//无参无返回值函数的调用:函数名()
    Myfunc()
}
```

程序运行结果：

```
a = 1
```

上述程序代码的函数名为 Myfunc，参数列表为空，也无返回值，首字母大写，对外部函数可见。函数体部分实现了对 a 的声明、赋值以及打印。

7.2 复杂函数

无参无返回值类型的函数是最简单的函数类型。在实际工作中，调用函数通常都需要对函数传一个或多个参数，或者要求函数返回一个或多个返回值。本节主要介绍这些稍复杂的函数，以及闭包、递归函数等类型。

7.2.1 带参数的函数

首先创建一个带一个参数的函数。

例 7.2 单参无返回值类型函数。

```
package main
import "fmt"
//定义函数时，函数名后面()定义的参数叫做形参
func test(a int) {
    b := 2
    s := a + b
```

```
    fmt.Println("s =", s)
}
//main 函数里调用函数传递的参数叫做实参
func main() {
    test(1)
}
```

程序运行结果：

```
s = 3
```

在上述程序代码中，函数 test()需要传入一个 int 类型的参数。调用此函数时，要注意传参。参数传递只能由实参传递给形参，不能反过来。

7.2.2 含返回值的函数

关于含返回值的函数的程序代码如下：

例 7.3 无参单返回值类型函数。

```
package main
import "fmt"
func Myfunc() (result int) {                    //无参单返回值函数
    result = 2
    return
}
func main() {
    a := Myfunc()                               //函数调用
    fmt.Println("a = ", a)
}
```

程序运行结果：

```
a = 2
```

在上述程序代码中，返回值的变量名为 result，使用了 return 隐式地返回参数，并且自动返回了对应名字的参数。有返回值就要有接收，main()函数中定义了一个变量 a 接收函数 Myfunc()返回的结果。

Go 语言中的函数支持只有类型没有变量名。如果只有一个返回值且不声明返回值变量名，那么可以省略返回值的括号。

例 7.4 不声明返回值变量名，省略返回值括号。

```
package main
import "fmt"
func Myfunc() int {                             //不声明返回值变量名
    return 2
}
func main() {
    a := Myfunc()                               //函数调用，返回一个值
    fmt.Println("a =", a)
}
```

程序运行结果：

```
a = 2
```

返回值的变量名只是个形参，不会影响函数外部。

7.2.3 含多个返回值的函数

Go 语言的函数支持多个返回值。关于含多个返回值的函数程序代码如下：

例 7.5 无参多返回值类型函数：

```
package main
import "fmt"
func Myfunc() (i, j, k int) {                    //无参多返回值函数
    i, j, k = 11, 22, 33
    return
}
func main() {
    a, b, c := Myfunc()                          //返回三个值
    fmt.Printf("a = %d,b = %d,c = %d\n", a, b, c)
}
```

程序运行结果：

```
a = 11,b = 22,c = 33
```

在上述程序代码中，函数 Myfunc()返回三个值，调用函数的时候就需要有三个变量来接收。当然也可以使用“_”接收来忽略某个参数。

例 7.6 用“_”接收忽略某个参数。

```
package main
import "fmt"
func Myfunc() (i, j, k int) {
    i, j, k = 11, 22, 33
    return
}
func main(){
    a, _, c := Myfunc()                          //"_"忽略返回的变量 b
    fmt.Printf("a = %d,c = %d\n", a, c)
}
```

程序运行结果：

```
a = 11,c = 33
```

7.2.4 含多个参数的函数

函数可以有多个参数，通过逗号分隔。本节将简单介绍不定参数的用法。

1. 不定参数的类型

不定参数是指函数传入的参数个数为不定数量。如果参数列表中若干个相邻的参数类型相同，则可以在参数列表中省略前面变量的类型声明，在参数类型前面加上三个点“…”，

如例7.7所示。

例7.7 不定参数的类型。

```
package main
import "fmt"
func test(a ...int) {
    fmt.Println("len(a) = ", len(a))
    for index, value := range a {
        fmt.Printf(" %d =====  %d\n", index, value)
    }
}
func main() {
//这里传入三个参数
    test(2, 4, 6)
}
```

程序运行结果：

```
len(a)  =  3
0  =====  2
1  =====  4
2  =====  6
```

在上述程序代码中，函数test()接收不定数量的参数，这些参数的类型全部是int。另外，在使用不定数量参数的时候需要注意：

(1) 变长参数本质上是一个切片，可在函数内部直接访问。

(2) 并且一个函数只能有一个变长参数，并且只能在最后的位置。

2. 不定参数的传递

在调用变参函数时，也可以将切片作为实参，不过需要展开，就是在切片后面加"…"。

例7.8 不定参数的传递。

```
package main
import "fmt"
func Myfunc(tmp ...int) {
    for _, data := range tmp {
        fmt.Println("data = ", data)
    }
}
func test(args ...int) {
//函数调用
    Myfunc(args...)
}
func main() {
    test(11, 22, 33)
}
```

上述程序代码实现了对变参函数的调用。程序运行结果如下：

```
data =  11
data =  22
data =  33
```

3. 任意类型的不定参数

之前的程序中将不定参数类型约束为 int，如果希望传递任意类型，那么可以指定参数类型为接口 interface{}。

使用 interface{}传递任意类型数据是 Go 语言的惯例用法，关于 interface{}的用法，可参阅第 10 章的内容。

7.3 匿名函数和闭包

所谓匿名函数，是指不需要定义函数名的一种函数实现方式。所有的匿名函数都是闭包。闭包就是一个函数"捕获"了和它在同一作用域的其他变量或常量。这意味着闭包能够使用这些变量或常量。只要闭包还在使用它，这些变量或常量就还会存在。

1. 闭包捕获外部变量

闭包函数的声明是在另一个函数的内部，形成嵌套。内层的变量可以遮盖同名的外层的变量，而且外层变量可以直接在内层使用。

例 7.9 闭包捕获外部变量。

```
package main
import "fmt"
func main() {
    a := 1
    b := 2
    func() {
        a = 3                              //不需要再次定义，直接使用外层变量
        b = 4
        fmt.Printf("内部:a = %d,b = %d\n", a, b)
    }()                                    //()代表直接调用
    fmt.Printf("外部:a = %d,b = %d\n", a, b)
}
```

程序运行结果：

```
内部:a = 3,b = 4
外部:a = 3,b = 4
```

2. 闭包的特点

闭包可以作为函数对象或者匿名函数。支持闭包的多数语言都将函数作为第一级对象，就是说这些函数可以存储到变量中作为参数传递给其他函数，最重要的是能够被函数动态创建和返回。

例 7.10 闭包存储到变量中作为参数传递给其他函数。

```
package main
import "fmt"
func test() func() int {
    x := 3
    return func() int {                    //返回一个闭包函数
```

```
        x++
        return x
    }
}
func main() {
    x := test()
    fmt.Println("x =", x())
}
```

程序运行结果：

```
x = 4
```

在上述程序代码中，函数 test()返回了一个函数，这个函数就是闭包。这个函数中本身是没有定义变量 x 的，而是引用了它所在的环境(函数 test)中的变量 x。在 main()函数中调用并打印结果。

7.4 递归函数

递归函数是指在其定义中又直接或间接调用自身的一种方法。它通常把一个大型复杂的问题层层转化为一个与原问题相似的规模较小的问题来求解，递归策略只需少量的程序就可描述出解题过程所需要的多次重复计算，大大地减少了程序的代码量。

例 7.11 递归实现斐波那契数列。

```
package main
import "fmt"
//fib[0] = 0,fib[1] = 1,fib[i] = f[i-1] + f[i-2](i>=2)
func fibonacci(num int) int {
    if num == 0 || num == 1 {                    //函数终止调用的条件
        return num
    } else {
                                                 //函数调用自身
        return fibonacci(num-1) + fibonacci(num-2)
    }
}
//调用 fibonacci 函数
func main() {
    for i := 0; i<10; i++{
        fmt.Printf("fib[%d] = %d\n", i, fibonacci(i))
    }
}
```

程序运行结果：

```
fib[0] = 0
fib[1] = 1
fib[2] = 1
fib[3] = 2
fib[4] = 3
```

```
fib[5] = 5
fib[6] = 8
fib[7] = 13
fib[8] = 21
fib[9] = 34
```

上述程序定义了一个斐波那契函数，并反复递归调用该函数，实现了打印前10个斐波那契数列的功能。

本章小结

本章主要介绍了函数的相关内容。首先从宏观上介绍函数，函数的基本组成包括关键字 func、函数名、参数列表、返回值、函数体和返回语句 return。其次，介绍了带参（多参数）函数、含返回值（多返回值）函数。最后，通过几个具体的程序，介绍了两种特殊函数：闭包函数和递归函数。

课后练习

一、选择题

1. 对于函数定义：

```
func add(args ...int) int {
    sum := 0
    for _, arg := range args {
        sum += arg
    }
    return sum
}
```

下面对 add 函数调用不正确的是（　　）。

A. add(1,2)　　B. add(1,3,7)

C. add([]int{1,2})　　D. add([]int{1,3,7}...)

2. 下面的程序的运行结果是（　　）。

```
func main() {
    if true {
        defer fmt.Printf("1")
    } else {
        defer fmt.Printf("2")
    }
    fmt.Printf("3")
}
```

A. 321　　B. 32　　C. 31　　D. 13

3. 关于 main()函数，下面说法不正确的是（　　）。

A. main()函数可以带参数

B. main()函数不能定义返回值

C. main()函数所在的包必须为 main 包

D. main()函数中可以使用 flag 包来获取和解析命令行参数

4. 关于函数,下列说法正确的是(　　)。

A. func f(x,y int) int　　　　B. func f(x int) nu int

C. func f(x...int,y string)　　　　D. func f(var x int=10)

5. 关于函数,下面说法错误的是(　　)。

A. 通过成员变量或函数首字母的大小写来决定其作用域

B. 匿名函数不能直接赋值给一个变量或者直接执行

C. 在函数的多返回值中,如果有 error 或 bool 类型,则一般放在最后一个

D. 如果调用方调用了一个具有多返回值的方法,但是却不想关心其中的某个返回值,可以简单地用一个下画线"_"来跳过这个返回值,该下画线对应的变量叫匿名变量

二、填空题

1. 下面程序的运行结果是________。

```
func main() {
        x := 1{
                x := 2
    fmt.Print(x)
        }
        fmt.Println(x)
}
```

2. 下面程序的运行结果是________。

```
func main() {
    strs := []string{"one", "two", "three"}
    for _, s := range strs {
        go func() {
            time.Sleep(1 * time.Second)
            fmt.Printf(" %s ", s)
        }()
    }
    time.Sleep(3 * time.Second)
}
```

3. 下面程序的运行结果是________。

```
func main() {
    i := 1
    j := 2
    i, j = j, i
    fmt.Printf(" %d%d\n", i, j)
}
```

4. 下面程序的运行结果是________。

```
func poi(p *int) int {
    *p++
```

```
    return *p
}
func main() {
    v := 1
    poi(&v)
    fmt.Println(v)
}
```

5. 声明一个参数和返回值均为整型的函数变量 f ________。
6. 下面程序的运行结果是________。

```
func x(n int) func() {
    sum := n
    a := func() {
        fmt.Println(sum + 1)
    }
    return a
}
func main() {
    f1 := x(10)
    f1()
    f2 := x(20)
    f2()
    f1()
    f2()
}
```

三、编程题

编写程序求斐波那契数列,要求用非递归方法。

第 8 章

指　　针

一个指针变量指向了一个值的内存地址。利用指针变量可以表示各种数据结构；能很方便地使用数组和字符串；并能像汇编语言一样处理内存地址，从而编出精练而高效的程序。指针极大地丰富了 Go 语言的功能。对于接触过 C 或者 C++ 中的指针的学习者来说，也要注意到 Go 语言中指针的一个不同之处：不能在程序中对指针的值进行运算。

本章要点：

- 了解指针的定义。
- 掌握指针的用法。

8.1　指针的定义

程序将值存储于内存中，每一个内存块（或字）有一个地址，这个地址通常用一个十六进制数字来表示，比如 0xc4032f 或者 0x70ba23a430。而指针的值就是一个变量的地址。

指针声明方式为：var name * var-type，var-type 为指针类型，name 为指针变量名，“ * ”用于指定变量是作为一个指针。

例 8.1　声明指针的方式。

```
package main
import "fmt"
func main() {
    var ptrA * int                    //未初始化的指针的值为 nil
    var ptrB = new(float32)           // * float32 类型的 ptrB,指向未命名的 float32 变量
    var c float64                     //定义一个 float64 类型的变量
    ptrC : = &c                       //&c 是变量 c 的内存位置,ptrC 指向 c
    fmt.Printf("指针的值为: % x, % x, % x\n", ptrA, ptrB, ptrC)
}
```

程序运行结果：

```
指针的值为：0, c0420080a8,c0420080c0
```

其中未被初始化的指针 ptrA 其值为 nil，nil 在概念上和其他语言的 null、None、nil、NULL 一样，都指代零值或空值。而另外两个指针指向了两个确定的地址。在 32 位机中指针占用四个字节，而在 64 位机中指针占用八个字节，不管它指向的值的大小。虽然例子中的指针只指向了原始数据类型，但指针可以被声明为任何类型的指针，不管是原始类型还是一个结构类型。

在指针的一个标准声明中，var ptrA *int。符号"*"在声明指针时的作用是类型修饰符(type modifier)。使用指针来引用一个值被称为间接访问(indirection)。使用指针可以在无须知道变量名的前提下，间接地对变量的值进行读取或修改。

对于初识指针的人来说，可能要注意对代码中"*"的作用进行区分。例如，"*"可以代表四则运算中的乘法。尤其是在另一种同指针相关的操作中，"*"也可以放在一个指针之前作为解引用操作符，来获取指针所指向的内存地址中的值。

例 8.2 "*"作为解引用符。

```go
package main
import "fmt"
func main() {
   var a int
   if a == *(&a) {
      fmt.Println("*作为解引用符使用,会取到某一变量的引用所指向的该变量的值")
    }
}
```

程序运行结果：

```
* 作为解引用符使用,会取到某一变量的引用所指向的该变量的值
```

对于接触过 C 或者 C++ 中的指针的学习者来说，也要注意到 Go 语言中指针的一个不同之处：不能在程序中对指针的值进行运算。即：ptrA++（对指针进行自增）或者类似于：ptrA+2（对指针进行偏移）。这样的操作是不被支持的。

Go 的这种规定相比 C 和 C++ 而言，虽然缩减了指针使用的灵活性，但也提供了较多的安全性。更进一步地，它为 Go 语言的垃圾回收机制提供了便利。比如在垃圾回收的可达性分析中，相比可以对指针进行偏移的 C 和 C++，Go 语言的指针更不可能因为垃圾回收而产生悬空指针。在此不对 Go 语言的垃圾回收机制进行探讨，有兴趣的读者可以考虑对相关的内容进一步学习。

8.2 Go 语言中的指针

8.2.1 Go 语言指针基本操作

Go 语言虽然保留了指针，但与其他编程语言不同的是：

(1) 默认的初始化值为 nil，没有 NULL 常量；

(2) 不支持指针运算,不支持“->”运算符,直接用“.”访问目标成员。

例 8.3 Go 语言指针基本操作。

```
package main
import "fmt"
func main() {
    var a int = 10
    //每个变量有两层含义:变量的内存,变量的地址
    fmt.Printf("a = %d\n", a)           //变量的内存
    fmt.Printf("&a = %v\n", &a)         //变量的地址
    //保存某个变量的地址,需要用到指针类型 *int 保存 int 的地址, ** int 保存 * int 地址
    //声明(定义),定义只是特殊的声明
    //定义一个变量 p,类型为 * int
    var p * int
    p = &a //指针变量指向谁,就把谁的地址赋值为指针变量
    fmt.Printf("p = %v,&a = %v\n"22, p, &a)
    *p = 666                            //p 操作的不是 p 的内存,是 p 所指向的内存 (就是 a)
    fmt.Printf("*p = %v,a = %v\n", *p, a)
}
```

程序运行结果:

```
a = 10
&a = 0xc042052080
p = 0xc042052080,&a = 0xc042052080
*p = 666,a = 666
```

注意不要操作没有合法指向的内存。

例 8.4 不要操作没有合法指向的内存。

```
package main
import "fmt"
func main() {
    var p * int
    p = nil
    fmt.Println("p = ", p)
    //*p = 666                          //错误,因为 p 没有合法的指向
    var a int
    p = &a                              //p 指向 a
    *p = 666
    fmt.Println("a = ", a)
}
```

8.2.2 Go 语言 new 函数

表达式 new(T)将创建一个 T 类型的匿名变量,所做的是为 T 类型的新值分配并清零一块内存空间,然后将这块内存空间的地址作为结果返回,而这个结果就是指向这个新的 T 类型值的指针值,返回的指针类型为 * T。

例 8.5 new 函数的使用。

```
package main
import "fmt"
func main() {
    var p1 * int
    p1 = new(int)                        //p1 为 * int 类型,指向匿名的 int 变量
    fmt.Println(" * p1 = ", * p1)        // * p1 = 0
    p2 := new(int)                       //p2 为 * int 类型,指向匿名的 int 变量
    * p2 = 111
    fmt.Println(" * p2 = ", * p2)        // * p2 = 111
}
```

只需使用 new()函数,无须担心其内存的生命周期或怎样将其删除,因为 Go 语言的内存管理系统会帮我们打理一切。

8.2.3 Go 语言指针数组

数组元素全为指针的数组称为指针数组。数组指针是指向数组首元素的地址的指针,其本质为指针(这个指针存放的是数组首元素的地址,相当于二级指针,这个指针不可移动);指针数组是数组元素为指针的数组,其本质为数组。区分指针数组和数组指针要注意“ * ”与谁结合,如 p * [5]int,“ * ”与数组结合说明是数组的指针;如 p [5] * int, * 与 int 结合,说明这个数组都是 int 类型的指针,是指针数组。

例 8.6 指针数组和数组指针。

```
package main
import "fmt"
func main() {
    a := [...]int{1, 2, 3, 4, 5}         //定义了长度为 5 的整型数组
    var p * [5]int = &a                  //定义了数组指针 p 并将整型数组的地址赋值给 p
    fmt.Println( * p, a)
    for index, value := range * p {
        fmt.Println(index, value)
    }
    var p2 [5] * int                     //定义了长度为 5 的整型指针数组
    i, j := 10, 20
    p2[0] = &i                           //将 i 的地址赋值给 p2[0]
    p2[1] = &j
    for index, value := range p2 {
        if value != nil {
            fmt.Println(index, * value)
        } else {
            fmt.Println(index, value)    //value 为空指针
        }
    } //指针数组
}
```

程序运行结果：

```
[1 2 3 4 5] [1 2 3 4 5]
0 1
1 2
2 3
3 4
4 5
0 10
1 20
2 <nil>
3 <nil>
4 <nil>
```

8.2.4 Go语言指针作为函数参数

Go语言允许向函数传递指针，只需要在函数定义的参数上设置为指针类即可。以下实例演示了如何向函数传递指针，并在函数调用后修改函数内的值。

例8.7 指针作为函数参数。

```
package main
import "fmt"
func main() {
    var a int = 1                          //定义局部变量 a,b
    var b int = 2
    fmt.Printf("交换前 a 的值 : %d\n", a)
    fmt.Printf("交换前 b 的值 : %d\n", b)
    swap(&a, &b);                          //调用函数 swap,&a 指向 a 变量的地址,&b 指向 b 变量的
                                             地址
    fmt.Printf("交换后 a 的值 : %d\n", a)
    fmt.Printf("交换后 b 的值 : %d\n", b)
}
func swap(x *int, y *int) {
    var temp int
    temp = *x                              //保存 x 地址的值
    *x = *y                                //将 y 赋值给 x
    *y = temp                              //将 temp 赋值给 y
}
```

程序运行结果：

```
交换前 a 的值 : 1
交换前 b 的值 : 2
交换后 a 的值 : 2
交换后 b 的值 : 1
```

本章小结

本章介绍了指针的定义及其使用。程序将值存储于内存中，每一个内存块(或字)有一个地址，指针的值就是一个变量的地址。Go语言中使用指针可以更简单地执行一些任务。

课后练习

一、判断题

1. 在 Go 语言中使用指针，可以在无须知道变量名字的情况下间接读取或更新变量的值。 （ ）

2. Go 语言支持指针运算，对指针进行自增或者对指针进行偏移。 （ ）

3. Go 语言中两个指针指向同一个变量才相等。 （ ）

4. Go 语言中每次调用 new 返回一个具有唯一地址的不同变量。 （ ）

二、填空题

1. Go 语言的取地址符是__________，放到一个变量前使用就会返回相应变量的________。

2. Go 语言在使用指针前你需要声明指针，请分别声明指向 int 和 float32 的指针________。

3. Go 语言在指针类型前面加上________号（前缀）来获取指针所指向的内容。

4. Go 语言中，在 32 位机中指针占用________个字节，而在 64 位机中指针占用________个字节，不管它指向的值的大小。

5. Go 语言中，表达式 new(T)将创建一个 T 类型的________变量。

三、编程练习

链表是一种常见的数据结构。一个链表是一些数据元素的线性集合，链表中的元素在物理存储中可以是不连续的。链表相比其他线性存储结构的特点是通过单独的数据元素可以获得下一个元素的存储位置，也就是说，单独的数据元素（或者说链表中的一个结点）除了自身的有效数据外，还包含有指向另一个结点的指针。

在传递较大的数据时使用指针是一个有效的手段，所以结合了指针的链表有着很好的插入和删除效率。例如在计算机的内存管理中需要频繁置换内存页，这时使用链表就是一个很好的选择。同样在进程管理中，链表也是很重要的。

最简单的链表形式是单链表，即链表的每个结点仅有一个指针，而且链表不存在环。

(1) 请尝试声明一个结点，这个结点包含一个整型变量作为有效数据以及一个指向其他结点的指针。（因为会用到结构体类型，所以这里直接给出了结点的结构体形式的声明）：

```
type Node struct {
    //请填充
}
```

(2) 在构造链表时，为了方便起见，通常链表的第一个结点不包含有效数据，只注意指针部分的头结点(Head)。头结点的指针为空则说明这是一个空链表。同样地，对单链表来说，如果它的某一个结点的指针部分的值为空，则说明该链表到此为止。

我们不妨简单地把链表定义为：

```
type LinkedList struct {
    Head *Node
}
```

并为它设定一个合理的构造函数，每个链表都至少有一个头结点：

```
func NewLinkedList () *LinkedList{
    lList := new(LinkedList)
    lList.Head = new(Node)
    return lList
}
```

现在结合之前的定义，给出一个向链表中添加一定数量的具有随机值的结点的函数：

```
func randomlyFill(list *LinkedList, length int) {
    if list != nil && list.Head != nil {
        if length >= 0 {
            rand.Seed(time.Now().Unix())
            temp := list.Head
            for i := 0; i < length; i++{
                temp.next = new(Node)
                temp = temp.next
                temp.data = rand.Intn(100)
            }
        }
    }
}
```

并且我们在main()函数中建立了一个链表并填充了它：

```
func main() {
    llist := NewLinkedList()
    randomlyFill(llist, 20)
    //执行遍历链表并输出结点的数据值的方法
}
```

请尝试实现一个遍历该链表并使用fmt.Println打印出结点的数据值的函数。

第9章

结构体和方法

复合数据类型是由基本数据类型以各种方式组合而构成的，就像分子由原子构成一样。结构体是复合数据类型之一，它的值由内存中的一组变量构成。结构体中的元素数据类型可以不同。

Go 语言中同时有函数和方法。一个方法就是一个包含了接收者的函数，接收者可以是命名类型或者结构体类型的一个值或者是一个指针。所有给定类型的方法属于该类型的方法集。

本章要点：

- 了解结构体和方法的定义。
- 掌握结构体和方法的创建。
- 了解嵌入式结构体。

9.1 结构体

9.1.1 什么是结构体

在 Go 语言中，代表结构体的关键字是 struct。

结构体是将零个或者多个任意类型的命名变量组合在一起的聚合数据类型。每个变量叫做结构体的成员，变量名必须唯一，可用“_”补位，支持使用自身指针类型成员。除对齐处理外，编译器不会优化、调整内存布局。

在数据处理领域，结构体使用的例子是学生信息记录，记录中有唯一学生号、姓名、家庭住址、年龄、班名、老师等信息。所有的这些学生信息成员都作为一个整体组合在一个结构体中，也可以复制一个结构体，将它传递给函数，作为函数的返回值，将结构体存储到数组中。

9.1.2 创建一个结构体

1. 结构体定义

结构体定义需要使用 type 和 struct 语句。struct 语句定义一个新的数据类型，结构体中有一个或多个成员。type 语句设定了结构体的名称。结构体的定义格式如下：

```
type name struct {
    member definition
    member definition
    ...
    member definition
}
```

member 是变量名，definition 是变量类型。结构体中每一个成员都通过点号来访问，比如 name. member。

例 9.1 定义了一个叫 Student 的结构体和一个结构体变量 lm。

例 9.1 结构体定义例子。

```
type Student struct {
    //定义结构体
    ID int
    Name string
    Address string
    Age int
    Class string
    Teacher string
}
var lm Student                            //定义变量
```

结构体的成员变量通常一行写一个，变量的名称在类型的前面，但是相同类型的连续成员变量可以写在一行上，就像上面代码的 Name 和 Address、Class 和 Teacher，这样就可以写成例 9.2 的形式。

例 9.2 相同类型的连续成员变量在同一行。

```
type Student struct {
    ID int
    Name, Address string
    Age int
    Class, Teacher string
}
```

成员变量的顺序对于结构体同一性很重要。在例 9.2 中，将同一类型的成员比如 ID 和 Age 组合在一起或者 Address 和 Name 互换了顺序，就等于重新定义了两个不同的结构体 Student1 和 Student2。如果一个结构体的成员变量名称的首字母大写的，那么这个变量就是可导出的，导出是指这个变量可以在其他包中进行读写，这个是 Go 最重要的访问控制机制。一个结构体可以同时包含可导出和不可导出的成员变量。下面两个结构体就是两个新的结构体：

```
type Student1 struct{
    ID,Age  int                    //ID 和 Age 组合,打乱了成员变量的顺序
    Name,Address  string
    Class,Teacher  string
}
type Student2  struct{
    ID  int
    Address,Name  string           //Address 和 Name 互换了顺序,打乱了成员变量的顺序
    Age  int
    Class,Teacher  string
}
```

2. 结构体的初始化

结构体类型的值可以通过结构体字面量来设置,即通过结构体的成员变量来设置。有两种格式的结构体字面量：第一种格式要求顺序为每个成员变量指定一个值,这种格式必须记住每个成员变量的顺序；第二种格式通过指定部分或者全部成员变量的名称和值来初始化结构体变量,在这种形式的结构体字面量写法中,如果成员被忽略,那么将默认用零值。因此,提供了成员的名字,所有成员出现的顺序并不重要,我们更多采用第二种格式。

第一种格式：

```
type Point struct{ X, Y int }
p := Point{1, 2}
```

第二种格式：

```
lm := Student {ID: 2018002022}
```

这两种初始化方法不能混用,也无法使用第一种初始化方法来绕过不可导出变量无法在其他包中使用的规则。

结构体指针变量初始化指先获取成员变量的地址,然后通过指针来初始化,根据上面两种初始化方法,结构体指针变量初始化也有两种方法：顺序初始化和指定成员初始化。

顺序初始化结构体：

```
var p1 *Student = &Student{2018002024, "韩梅", "陕西省西安市", 17, "通信工程 1801", "韩美美"}
```

指定成员初始化结构体：

```
p2 := &Student{ID:2018002025}
```

例 9.3 初始化结构体。

```
package main
import (
    "fmt"
)
func main() {
```

```
    type Student struct {
        ID  int
        Name  string
        Address string
        Age  int
        Class  string
        Teacher string
    }
    //顺序初始化,每个成员必须初始化
    lm := Student{2018002022, "李明", "山西省太原市", 18, "计算机科学与技术 1801", "雷蕾"}
                                        //顺序赋值
    //lm := Student{2018002022}         //错误:顺序赋值,需要顺序给所有变量赋值
    fmt.Println(lm)
    //指定成员初始化,没有初始化的成员自动赋值为零
    wh := Student{Class: "物联网工程 1801"}
    wh.Name = "王华"
    wh.Address = "山西省晋中市"
    fmt.Println(wh)
    //顺序初始化,每个成员必须初始化,别忘了 &
    var p1 *Student = &Student{2018002024, "韩梅", "陕西省西安市", 17, "通信工程 1801", "
韩美美"}
    fmt.Println(*p1)
    //指定成员初始化,没有初始化的成员自动赋值为零,别忘了 &
    p2 := &Student{ID: 2018002025}
    fmt.Println(*p2)
}
```

程序运行结果:

```
{2018002022  李明  山西省太原市  18  计算机科学与技术 1801  雷蕾}
{0  王华  山西省晋中市  0  物联网工程  1801 }
{2018002024  韩梅  陕西省西安市  17  通信工程 1801  韩美美}
{2018002025  0  }
```

3. 结构体成员变量的使用

结构体成员变量的使用包括结构体普通变量的使用和结构体指针变量的使用。

结构体普通变量的使用:先定义一个结构体普通变量 lm,操作成员需要使用"."运算符,比如 lm.name="李明"。

结构体指针变量的使用:

(1) 指针有合法指向后才可以操作成员,先定义一个普通结构体变量 s,再定义一个指针变量 p1,保存 s 的地址,通过指针操作成员,p1.Name 和(*p1).Name 完全等价,只能使用"."运算符。

(2) 通过 new()申请一个结构体 p2,通过指针操作成员,p2.Name 和(*p2).Name 完全等价,只能使用"."运算符。

例 9.4 结构体成员变量的使用。

```
package main
import "fmt"
func main() {
    type Student struct {
```

```
        ID   int
        Name   string
        Address   string
        Age   int
        Class   string
        Teacher   string
    }
    //结构体普通变量的使用
    var lm Student
    lm.ID = 2018002022
    lm.Class = "物联网工程 1801"
    lm.Age = 18
    lm.Address = "山西省太原市"
    lm.Teacher = "雷蕾"
    lm.Name = "李明"
    fmt.Println(lm)
    //结构体指针变量的使用
    var s Student
    var p1 *Student
    p1 = &s
    p1.ID = 2018002028
    p1.Name = "李阳"
    p1.Teacher = "张梅"
    (*p1).Age = 18
    (*p1).Address = "北京市朝阳区"
    (*p1).Class = "通信工程 1801"
    fmt.Println(*p1)
    p2 := new(Student)
    p2.ID = 2018002028
    p2.Name = "李阳"
    p2.Teacher = "张梅"
    (*p2).Age = 18
    (*p2).Address = "北京市朝阳区"
    (*p2).Class = "通信工程 1801"
    fmt.Println(*p2)
}
```

程序运行结果：

```
{2018002022  李明  山西省太原市  18  物联网工程 1801  雷蕾}
{2018002028  李阳  北京市朝阳区  18  通信工程 1801  张梅}
{2018002028  李阳  北京市朝阳区  18  通信工程 1801  张梅}
```

4. 结构体比较

如果结构体的全部成员都是可以比较的，那么结构体也是可以比较的，两个结构体将可以使用==或!=运算符进行比较，但不支持>或<。同类型的两个结构体变量可以相互赋值。

例 9.5 结构体比较。

```
package main
```

```
import "fmt"
func main() {
    type Student struct {
        ID   int
        Name  string
        Address string
        Age   int
        Class   string
        Teacher string
    }
    s1 := Student{2018002022, "李明", "山西省太原市", 18, "计算机科学与技术 1801", "雷蕾"}
    s2 := Student{2018002022, "李明", "山西省太原市", 18, "计算机科学与技术 1801", "雷蕾"}
    s3 := Student{2018002023, "李明", "山西省太原市", 18, "计算机科学与技术 1801", "雷蕾"}
    fmt.Println("s1 == s2", s1 == s2)
    fmt.Println("s1 == s3", s1 == s3)
    var tmp Student
    tmp = s3
    fmt.Println("tmp = ", tmp)
}
```

程序运行结果:

```
s1 == s2 true
s1 == s3 false
tmp = {2018002023  李明  山西省太原市  18  计算机科学与技术 1801  雷蕾}
```

5. 结构体作为函数参数

函数的参数传递：当进行函数调用的时候，要填入与函数形式参数个数相同的实际参数，在程序运行的过程中，实参会将参数值传递给形参，这就是函数的参数传递。结构体可以像其他数据类型一样将结构体类型作为参数传递给函数。

(1) 值传递：用值传递方式，实际上是把实参的内容复制到形参中，实参和形参存放在两个不同的内存空间中。在函数体内对形参的一切修改对实参都没有影响；如果形参是类的对象，那么利用值传递每次都要调用类的构造函数构造对象，效率比较低。

(2) 指针传递(地址传递)：当进行指针传递的时候，形参是指针变量，实参是一个变量的地址或者是指针变量，调用函数的时候，形参指向实参的地址；在指针传递中，函数体内可以通过形参指针改变实参地址空间的内容。

例 9.6 结构体作为函数参数。

```
package main
import "fmt"
    //定义一个结构体类型
type Student struct {
    ID   int
    Name  string
    Address string
    Age   int
    Class   string
    Teacher string
```

```
}
func test01(s Student) {
    s.ID = 2018002011
    fmt.Println("test01:", s)
}
func test02(p *Student) {
    p.ID = 2018002011
    fmt.Println("test02:", *p)
}
func main() {
    s := Student{2018002022, "李明", "山西省太原市", 18, "计算机科学与技术1801", "雷蕾"}
    test01(s) //值传递,形参无法改实参
    fmt.Println("main:", s)
    test02(&s) //地址传递,形参可以改实参
    fmt.Println("main:", s)
}
```

程序运行结果：

```
test01:{2018002011  李明  山西省太原市  18  计算机科学与技术1801  雷蕾}
main:{2018002022  李明  山西省太原市  18  计算机科学与技术1801  雷蕾}
test02:{2018002011  李明  山西省太原市  18  计算机科学与技术1801  雷蕾}
main:{2018002011  李明  山西省太原市  18  计算机科学与技术1801  雷蕾}
```

6. 结构体指针

定义指向结构体的指针类似于其他指针变量，格式如下：

```
var struct_pointer *Books
```

以上定义的指针变量可以存储结构体变量的地址。查看结构体变量地址，可以将&符号放置于结构体变量前：

```
struct_pointer = &Book1;
```

使用结构体指针访问结构体成员，使用“.”操作符：

```
struct_pointer.title;
```

接下来使用结构体指针重写以上实例，代码如下：

例9.7　结构体指针的使用。

```
package main
import "fmt"
type Books struct {
    title string
    author string
    subject string
    book_id int
}
func main() {
    var Book1 Books /* Declare Book1 of type Book */
    var Book2 Books /* Declare Book2 of type Book */
```

```
    /* book 1 描述 */
    Book1.title = "Go 语言"
    Book1.author = "www.runoob.com"
    Book1.subject = "Go 语言教程"
    Book1.book_id = 6495407
    /* book 2 描述 */
    Book2.title = "Python 教程"
    Book2.author = "www.runoob.com"
    Book2.subject = "Python 语言教程"
    Book2.book_id = 6495700
    /* 打印 Book1 信息 */
    printBook(&Book1)
    /* 打印 Book2 信息 */
    printBook(&Book2)
}
func printBook(book *Books) {
    fmt.Printf("Book title : %s\n", book.title);
    fmt.Printf("Book author : %s\n", book.author);
    fmt.Printf("Book subject : %s\n", book.subject);
    fmt.Printf("Book book_id : %d\n", book.book_id);
}
```

程序运行结果：

```
Book title : Go 语言
Book author : www.runoob.com
Book subject : Go 语言教程
Book book_id : 6495407
Book title : Python 教程
Book author : www.runoob.com
Book subject : Python 语言教程
Book book_id : 6495700
```

9.1.3 嵌入式结构体

Go 中有不同寻常的结构体嵌套机制，这个机制可以将一个命名结构体当作另一个结构体类型的匿名成员使用；并提供了一种方便的语法，使用简单的表达式(比如 x.f)就可以代表连续的成员(比如 x.d.e.f)。

定义关于圆心坐标、圆、圆柱的结构体：

```
//定义一个 Point 结构体
type Point struct {
    X, Y int
}
//定义一个 Circle 结构体
type Circle struct {
    X, Y, Radius int
}
//定义一个 Cylinder 结构体
```

```
type Cylinder struct {
   X, Y, Radius, Height int
}
```

Point 类型定义了坐标 X 和 Y；Circle 类型定义了圆心的坐标 X 和 Y，还有圆半径 Radius；Cylinder 类型定义了地面圆圆心坐标 X 和 Y，圆半径 Radius 以及还有圆柱高度 height。

创建一个 Cylinder 类型的对象。

```
var c Cylinder
c.X = 8
c.Y = 8
c.Radius = 5
c.Height = 20
```

由于这些结构体之间存在相似性和重复性，重构相同的部分。

```
type Circle struct {
   Center Point
   Radius int
}
type Cylinder struct {
   Circle Circle
   Height int
}
```

这样程序更加简洁，但是访问 Cylinder 的成员变麻烦了：

```
var c Cylinder
c.Circle.Center.X = 8
c.Circle.Center.Y = 8
c.Circle.Radius = 5
c.Height = 20
```

Go 允许定义不带名称的结构体成员，只需要指定类型即可；这种结构体成员叫做匿名成员。这个结构体成员的类型必须是一个命名类型或者指向命名类型的指针。下面的 Circle 和 Cylinder 都拥有一个匿名成员。这里称 Point 被嵌套到 Circle 中，Circle 被嵌套到 Cylinder 中。

```
type Circle struct {
   Point
   Radius int
}
type Cylinder struct {
   Circle
   Height int
}
```

因为结构体嵌套，可以直接访问到我们需要的变量而不是指定一大串中间变量：

```
var c Cylinder
```

```
c.X = 8                                    //等价于 c.Circle.Point.X = 8
c.Y = 8                                    //等价于 c.Circle.Point.Y = 8
c.Radius = 5                               //等价于 c.Circle.Radius = 5
c.Height = 20
```

上面注释中的方式也是正确的，但是使用“匿名成员”的说法或许不合适。上面的结构体成员 Circle 和 Point 是有名字的，就是对应类型的名字，只是这些名字在点号访问变量时是可选的。当访问最终需要的变量的时候可以省略中间的匿名成员。

结构体字面量并没有什么快捷方式来初始化结构体，比如下面的初始化方法是错误的：

```
c = Cylinder{8,8,5,20}                          //编译错误,未知成员变量
c = Cylinder{X:8,Y:8,Radius:5,Height:20}        //编译错误,未知成员变量
```

结构体字面量必须遵循形状类型的定义，有两种方式初始化结构体，这两种方式等价：

```
c = Cylinder{8, 8, 5, 20}                 //编译错误,未知成员变量
c1 = Cylinder{Circle{Point{8, 8}, 5}, 20}
c2 = Cylinder{
   Circle: Circle{
      Point: Point{X: 8, Y: 8},           //注意,尾部的逗号是必需的
      Radius: 5,                          //注意,尾部的逗号是必需的
   },                                     //注意,尾部的逗号是必需的
   Height: 20,                            //注意,尾部的逗号是必需的
}
```

因为“匿名成员”拥有隐式的名字，所以不能在一个结构体中定义两个相同类型的匿名成员，否则会引起冲突。由于匿名成员的名字是由它们的类型决定的，因此它们的可导出性也是由它们的类型决定的。在上面的例子中，Point 和 Circle 这两个匿名成员是可导出的。即使这两个结构体是不可导出的(point 和 circle)，我们仍然可以使用快捷方式：

```
c.x = 8                                    //等价于 c.circle.point.X = 8
```

但是注释中那种显式指定中间匿名成员的方式在声明 circle 和 point 的包之外是不允许的，因为它们是不可导出的。

9.2 方法

9.2.1 什么是方法

结构体看起来像是简单形式的类，所以熟悉面向对象编程的读者可能会问：类的方法在哪里呢？同样地，Go 也有“方法”这个概念，并且含义和一般的面向对象编程语言基本相同：Go 语言中的方法是运作在一个特定类型的变量上的函数，该对象被称为方法的接收者。所以说，方法是一种特殊的函数。

方法的接收者(几乎)可以是任意类型，不仅仅是结构体，比如函数类型，甚至是 int、bool、string 这些基本类型的别名类型。

一个给定类型的所有成员方法被称为该类型的方法集。

Go 语言中的方法属于函数，所以方法也是不能重载的：对一个给定的类型和一个给定的名称，只会有一个方法。但是根据方法接收者的不同类型，会存在重载这种情况：拥有相同名字的一个方法可以有两个或多个不同的接收者类型。比如，如下情况在同一个包中是可以出现的。

```
func (a *circle) area() float64
func (a *rectangle) area() float64
func (a *triangle) area() float64
```

下面具体介绍如何创建方法。

9.2.2 如何创建一个方法

Go 语言中为一个特定对象创建一个成员方法的语法如下：

```
func (r receiver_type) name(parameter_list) (return_value_list) {
    ...
}
```

其中方法名之前的括号中所定义的即是方法的接收者。在 Go 语言中，不需要也不能把方法声明在某个结构体中来表明该方法属于此数据类型的成员，方法和类型之间的联系是通过声明接收者这种看起来很松散的方式建立的。

方法的其他部分的定义则与一般函数别无二致。

很多时候，方法的接收者都是一个指针，有时也被定义为某一类型的值，或者在不需要使用接收者的情况下仅仅说明接收者的类型名。它们的区别将在后面详述。

方法中“接收者”这一部分除了表明方法属于哪个类型的成员接收之外，还为方法使用该类型的成员变量提供了途径。如果读者了解 Java 和 C++，会注意到它们的 this 指针与 Go 语言中的接收者的相似之处。以下是一个例子。

例 9.8 定义名为 Person 的结构体，创建 Person 变量并访问修改其成员。

```
package main
import "fmt"
type Person struct {
    forename string
    lastName string
}
func (p Person) GetName() string {
    return p.forename + " " + p.lastName
}
func (p *Person) SetForename(newForename string) {
    p.forename = newForename
}
func (p Person) SetLastName(newLastName string) {
    p.lastName = newLastName
}
func main() {
```

```
    personA := Person{"John", "Doe"}
    fmt.Println("Get Person:", personA.GetName())
    personA.SetForename("Richard")
    fmt.Println("Get Person:", personA.GetName())
    personA.SetLastName("Roe")
    fmt.Println("Get Person:", personA.GetName())
}
```

程序运行结果：

```
Get name: John Doe
Get name: Richard Doe
Get name: Richard Doe
```

在这个例子中，我们可以看到方法是怎么样被定义为一个结构体的成员的，也可以看到方法通过接收者来访问其成员。

同时也应该注意到在定义接收者时，使用该类型的指针作接收者和使用该类型的变量作接收者的区别。前者可以改变接收者中的成员变量的值，而后者不能，所以 setLastName 方法并没有将 Doe 的姓氏改为 Roe。这一点有些类似于值传递和引用传递的不同。

方法也可以被添加到基本类型上，如下所示。

例 9.9 int 的别名类型添加方法。

```
package main
import "fmt"
type integer int
func (i integer) equals(d integer) bool {
    return i == d
}
func main() {
    var integerA integer = 7
    if integerA.equals(7) {
        fmt.Printf("IntegerA equals 7")
    }
}
```

程序运行结果：

```
IntegerA equals 7
```

这里将方法添加到了本地声明的 int 类型别名上。实质上相当于为当前包中的整型变量增加了一个方法。然而如果想在自己的包中将方法添加到 int 类型上是不行的，因为 Go 语言不允许在类型声明所在的包之外再为该类型定义方法。反过来说，即便类型和它的方法声明在不同的文件中，只要该方法和它的接收者在同一个包下就不会有问题。

除了接收者和方法必须在同一个包中声明的要求之外，Go 语言对接收者的类型还有一些限制：

(1) 接收者不可以是接口（关于接口，参见第 10 章），因为接口这种抽象的定义不能包含函数的具体实现。试图把对象的接收者设为接口会在编译时出错。

(2) 方法的接收者的类型本身不可以是指针类型，虽然方法接收者本身可以是一个指向任意合理类型的指针。

例如下面方法的声明：

```
type Person struct {}
type Ptr  * Person
func (p Ptr) getName() {}                    //编译错误:无效的接收者类型"Ptr"
```

该声明会在编译时报错，因为 Ptr 为指针类型。

而声明

```
func (p Person) getName() {}
```

或者是

```
func (p  * Person) getName() {}
```

则没有问题。

9.2.3 方法与封装

如果无法通过对象来访问其成员变量和方法，则称这些成员变量和方法是被封装的。封装是面向对象编程的一个重要概念。

合理运用封装提供了三个优势：

(1) 封装可以防止使用者任意改变一些对象的成员变量，从而保护内部状态。

(2) 隐藏实现细节，只提供 API 给使用者可以规范使用者的调用方式，使得设计者可以更灵活地改变 API 的实现而不破坏兼容性。

(3) 因为使用者不能直接修改对象的变量，所以可以减少一些对变量值的额外检查。

封装是通过对访问权限进行控制来实现的。在 C++ 与 Java 中，通过声明 private、protect 和 public 等关键字来控制成员的访问权限。而 Go 语言的控制方式很简单：定义时，首字母大写的标识符是可导出的，即不同的包也可以使用；而首字母没有大写的标识符是不可导出的，即只有在同一个包下可以使用。

考虑之前在 9.2.2 节中创建的第一个类型 Person 及其方法：

```
type Person struct {
   forename string
   lastName string
}
func (p Person) GetName() string {
   return p.forename  +  " "  +  p.lastName
}
func (p  * Person) SetForename(newForename string) {
   p.forename  =  newForename
}
func (p Person) SetLastName(newLastName string) {
   p.lastName  =  newLastName
}
```

可以看到 Person 是可导出的，它的三个方法亦是如此。而它的两个成员变量 forename 以及 lastName 则是不可导出的。

尽管 forename 和 lastName 对其他包是不可见的，然而其他包中可以通过 Set()和 Get()方法来间接地修改以及读取这两个值。这种手法在面向对象编程中很常见。设计者可以在 Set()方法里做一些限制，或在 Get()方法中对要被获取的成员变量做一些处理，通过封装来提高程序的安全性以及模块化程度。

9.2.4 嵌入式结构体中的方法

9.1 节介绍过嵌入式结构体的概念。现在进一步介绍嵌入式结构体中的方法。当一个匿名类型被嵌入到一个结构体中时，这个类型的可见方法也会被一同纳入到此结构体中，而且被嵌入的结构体能够覆写该匿名类型的同名方法。这种情况类似于 Java 和 C++中的继承(虽然本质上仍有一些区别)。

以下一个例子中首先在包 log 中定义了 string 的别名类型 Log，以及嵌入了 Log 类型并且加入 header 以及 level 的结构体 LeveledLog。

例 9.10 定义 Log 以及嵌入了 Log 类型的 LeveledLog。

```
package log
import (
    "runtime"
    "fmt"
)
type Log string
func (l *Log) Input(s string) {
    *l = Log(s)
}
func (l Log) Output() {
    fmt.Println(l)
}
type LeveledLog struct {
    Log
    header string
    level int
}
func NewLeveledLog() *LeveledLog {
    leveledLog := new(LeveledLog)
    _, leveledLog.header, _, _ = runtime.Caller(1)
    leveledLog.level = 0
    return leveledLog
}
func (l *LeveledLog) SetLevel(level int) {
    l.level = level
}
func (l LeveledLog) Output() {
    if l.level <= 0 {
        fmt.Print("DEBUG: ")
```

```
    } else if l.level == 1 {
        fmt.Print("INFO: ")
    } else if l.level == 2 {
        fmt.Print("WARNING: ")
    } else {
        fmt.Print("ERROR: ")
    }
    fmt.Println(l.header, ":", l.Log)
}
```

其中 Log 类型具有方法 Input()以及 Output()。LeveledLog 类型则在初始化时会填充 header 以及给 level 一个默认值 0，同时还接受了 SetLevel()方法以及一个与 Log 中 Output 同名的方法。

下面创建并执行 main.go 文件：

```
package main
import . "methods/log"
func main() {
    llog := NewLeveledLog()
    llog.SetLevel(1)
    llog.Input("Using input method of Log type")
    llog.Output()
}
```

程序运行结果：

```
INFO: %GOPATH%/src/methods/main.go : Using input method of Log type
```

虽然我们并没有为 LeveledLog 创建 Input()方法，但它依然可以获取输入。所以明显地，尽管 LeveledLog 并不是 Log 类型，但它调用了嵌入的匿名成员 Log 的 Input()方法。

在调用 Output()方法时，LeveledLog 类型的变量执行的却是直接接收的方法。这就是 Go 语言中的“方法覆写”。即如果某一类型及其中嵌入类型都有一个同名方法，那么该类型自己的方法会被覆写掉其嵌入类型的方法。

本章小结

本章介绍了结构体和方法的定义及使用。结构体可以把定义的变量多元化、分类化。用结构体编写程序语法结构要求相对宽松，同时程序执行效率较高。方法是与对象实例绑定的特殊函数，用于维护和展示对象自身的状态。通过本章的学习，希望读者对结构体和方法有所了解，并能熟练掌握方法的使用。

课后练习

一、判断题

1. Go 语言中数组可以存储同一类型的数据，但在结构体中我们可以为不同项定义不同的数据类型。 (　　)

2. Go 语言中，每个变量叫做结构体的成员，只要变量的类型不一样，变量名可以相同。（　　）

3. 结构体的成员变量通常一行写一个，变量的名称在类型的前面，但是相同类型的连续成员变量可以写在一行上，它们的先后顺序也可以打乱。（　　）

4. 如果一个结构体的成员变量名称的首字母大写的，那么这个变量就是可导出的。（　　）

5. 如果结构体的全部成员都是可以比较的，那么结构体也是可以比较的，两个结构体将可以使用==、!=、>或<运算符进行比较。（　　）

6. 方法的接收者可以是任意类型。（　　）

7. type p *int func (p) f(){} 这种方法的声明是正确的。（　　）

8. 拥有相同名字的一个方法可以有两个或多个不同的接收者类型。（　　）

9. Go 语言不允许为简单的内建类型添加方法。（　　）

二、填空题

1. 结构体定义需要使用________和________语句。________语句定义一个新的数据类型，________语句设定了结构体的名称。

2. 结构体字面量的设置方法：____，____。

3. 同类型的两个结构体变量可以相互________。

4. Go 中有不同寻常的结构体嵌套机制，这个机制可以将一个命名结构体当作另一个结构体类型的________使用。

5. 如何选择方法的 receiver 类型？

(1) 要修改实例状态，用________。

(2) 无须修改状态的小对象或固定值，建议用________。

(3) 大对象建议用________，以减少复制成本。

(4) 引用类型，字符串，函数等指针包装对象，直接用________。

(5) 若包含 Mutex 等同步字段，用________，避免因复制造成锁操作无效。

(6) 其他无法确定的情况，都用________。

6. 方法是特殊的________，定义在某一特定的类型上，通过类型的实例来进行调用，这个实例被叫________。

三、编程练习

第 8 章简单介绍了链表。请尝试结合之前所编写的代码，为链表结构体添加一些方法。

(1) 为链表添加判断是否为空的方法，不要求传入参数，返回值应为布尔类型。

(2) 为链表添加追加一个新结点的方法，传入一个结点，返回值不限（可以考虑为返回该链表本身）。

第10章

接　　口

接口类型是对其他类型行为的概括和抽象。Go 语言的接口把所有具有共性的方法定义在一起，任何其他类型只要实现了这些方法也就实现了这个接口。这种设计无须改变已有类型的实现，就可以为这些类型创建新的接口。

本章要点：

- 了解接口的定义。
- 掌握接口的实现。

10.1 接口的定义

接口是一系列方法的集合。接口定义了一组方法，但是这些方法不包含代码：它们并不在接口中实现。换言之，这些方法是抽象的，并且接口中不能包含变量。这种定义在面向对象的编程语言中几乎是通用的。例如，Java 和 C# 中的接口亦是如此；而 C++ 中常使用虚基类和纯虚函数间接地实现接口。

接口这种高度抽象的数据，其本质是一种关于对象功能的约定，实现了某一接口的所有对象。也就是说，满足了该接口要求的功能的所有对象，便可以被归类为具有一些同样功能的对象而被使用。

Go 语言中接口的功能也是对一类对象的规定，即：如果一个对象实现了接口所定义的方法，那么它就可以被当作该接口进行使用。

以 Go 语言的 io 包中的可导出的 Writer 接口为例，如下是定义接口的形式：

```
type Writer interface {
    Write(p []byte) (n int, err error)
}
```

通常在 Go 语言中，命名接口时会使用方法名加“[e]r”后缀的形式，比如刚才列举的 Writer，以及 Reader、Logger、Converter 等。或者使用贴切的动词命名，或使用 Java 程序编写中常用的给接口命名时加“I”前缀的形式以提高可读性。

另外，通常 Go 语言程序中的接口命名比较简短，比较规范的 Go 程序接口一般只有 0～3 个方法。

10.2 接口的实现

接口只是一个抽象的约定，因此 Go 语言中接口的实现取决于具体的数据类型的方法实现。这一点和 Java 中需要由类来实现接口是一致的。然而 Go 的接口的不同之处在于，接口的实现并不需要显式的声明。

只要一个类型中包含有某一接口的全部方法，并且这些对应方法的命名、传入参数和返回值类型都完全匹配，那么该类型就可以在程序中当作此接口的实现，不需要额外声明。

例 10.1 实现 shaper 接口并用结构体类型的 circle 对其赋值。

```
package main
import (
    "math"
    "fmt"
)
type shaper interface {
    area()float64
}
type circle struct {
    radius float64
}
func (c * circle) area() float64 {
    return math.Pi * c.radius * c.radius
}
func main() {
    circleA := circle{radius: 10}
    var shaperA shaper
    shaperA = &circleA
    var shaperB shaper
    shaperB = new(circle)
    fmt.Println( "圆 A 的面积是", shaperA.area())
    fmt.Println( "圆 B 的面积是", shaperB.area())
}
```

由此可以看到用 circle 实现 shaper 接口的两种方式。

程序运行结果：

```
圆 A 的面积是 314.1592653589793
圆 B 的面积是 0
```

从这一示例中也可以看出，Go 语言中的接口类型的变量本质上近似于指针。实际上，接口类型的变量是一个复合数据结构：它的第一部分是指向接口的接收者(receiver)，另一部分指向方法指针表(table of method pointers)。对接口变量进行赋值,实际上会把实现该接口的类型的变量赋值给接收者,而方法指针表会获得指向具体实现的方法的指针。

如此一来,程序在运行时就会知道某个接口类型的变量的方法的具体实现。所以一种类型不需要去显式地声明它实现了一个接口:接口是隐式地满足匹配的。

多种类型可以实现同一个接口。实现了一个接口的某个类型还可以拥有另外的方法,并且一个类型可以实现多个接口。

另外,即使接口声明和具体实现分别在不同的文件中,只要该对象实现了结构的所有方法,那么它就实现了该接口。但是要注意的是,如果接口或是接口中的方法声明是不可导出的,则该接口无法被其他包中的类型所实现。

在此也列出一些错误的接口实现。

错误 1. 没有完全实现接口所定义的方法。

```
type shaper interface {
    area()float64
    perimeter() float64
}
type circle struct {
    radius float64
}
func (c *circle) area() float64 {
    return math.Pi * c.radius * c.radius
}
```

则如下代码是错误的,因为 circle 没有实现 perimeter 方法:

```
circleA := circle{radius: 10}
var shaperA shaper
shaperA = &circleA
```

类似地,参数或返回值个数或类型不完全相同也是错误的。

错误 2. 用某一类型的变量直接对接口进行赋值。

```
circleA := circle{radius: 10}
var shaperA shaper
shaperA = circleA
```

尽管该变量所属类型实现了接口的所有方法,这依然是错误的。在 Java 中这么做或许没有问题,但在 Go 中接口类型的变量是一种近似于指针的东西。正确的赋值是:

```
shaperA = &circleA
```

错误 3. 对不同的包中具有不可导出方法的接口进行实现。

首先在一个单独的包中声明了 shaper 接口,它有一个不可导出方法的声明:

```
package seperated_pack
type Shaper interface {
    area() float64
}
```

而在 main 包中声明结构体类型 circle：

```
type circle struct {
    radius float64
}
func (c * circle) area() float64 {
    return math.Pi * c.radius * c.radius
}
```

虽然它实现了同名的 area()方法，但它对 shaper 进行实现是错误的，因为它无法实现其他包中不可导出的方法。

```
circleA := circle{radius: 10}
var shaperA seperated_pack.Shaper
shaperA = &circleA
```

10.3 空接口

声明空接口的形式如下：

```
type Any interface{}                    //声明一个名为 Any 的空接口类型
```

空接口类型可能出现在函数声明的参数列表或返回值中：

```
func functionA(args ...interface{}) interface{} {
    ...
}
```

这样的空接口或者称为“最小接口”，没有任何方法，所以实现它们不需要满足任何要求。因此一个空接口变量可以被任意赋值，从而指向任何类型的对象。

空接口的概念接近于 Java 中的 Object，即所有对象的基类。相对于存在着两套独立的类型系统的 Java，Go 的不同之处在于，空接口变量可以指向基本类型，比如 int 或是指针。

例 10.2 定义一个空接口，对其任意赋值和输出。

```
package main
import (
    "fmt"
)
type Any interface{}
type rectangle struct {
    width float64
    length float64
}
type shaper interface {
    area() float64
}
func (r * rectangle) area() float64 {
    return r.length * r.length
}
```

```
func main() {
    var any Any
    var rectangelA rectangle = rectangle{10, 10}
    var shaperA shaper
    any = rectangelA
    fmt.Println("Any has the value", any)
    any = &rectangelA
    fmt.Println("Any has the value", any)
    any = shaperA
    fmt.Println("Any has the value", any)
    shaperA = &rectangelA
    any = shaperA
    fmt.Println("Any has the value", any)
    any = 42
    fmt.Println("Any has the value", any)
    any = "everything"
    fmt.Println("Any has the value", any)
}
```

程序运行结果：

```
Any has the value {10 10}
Any has the value &{10 10}
Any has the value <nil>
Any has the value &{10 10}
Any has the value 42
Any has the value everything
```

可以看到，空接口可以被赋予任意类型的值。

空接口的实际应用的典型例子是标准库 fmt 中的 Printf()函数和 Println()函数，通过配合使用空接口和类型查询，能够实现可接受任意对象实例并进行处理的函数：

```
func Println(a ...interface{}) (n int, err error)
func Printf(format string, a ...interface{}) (n int, err error)
```

10.4 类型断言

由前所述，一个接口变量所包含的值的类型有多种可能，尤其是空接口变量，可以被赋予任意类型的值。同时在程序运行时，一个接口类型的变量可能在不同的阶段被赋予不同类型的值。为了能动态地判断接口所代表的实际类型，需要利用 Go 语言的类型断言机制。

类型断言的用法如下：

```
varC, ok := varI.(TypeA)                //检查变量 varI 是否是 TypeA 类型,判断并赋值
```

其中 varI 必须是接口类型的变量，而 TypeA 必须是一种实现了该接口的类型。如果 varI 可以转换为 TypeA 类型，那么该语句会将 varI 转换成 TypeA 类型的值后赋给 varC，并且设 ok 为 true；否则 varC 会被置为未初始化的 TypeA 类型的变量，而 ok 为 false。

通过类型断言，可以判断出某一接口变量能不能转换到另一种类型，并且得到转换为指定类型的变量。

类型断言还有另一种不安全的用法：

```
varC := varI.(TypeA) //转换 varI 为 TypeA 类型的值，赋值给 varC
```

这种类型断言不做转换是否成立的判断，所以实际执行时如果它不能转换为 TypeA 类型的变量，程序会出现异常。

以下是使用类型断言的例子。

例 10.3 shaper 类型的接口转换为 rectangles 类型的变量。

```
package main
import (
    "math"
    "fmt"
)
type shaper interface{}
type circle struct {
    radius float64
}
type rectangles struct {
    width float64
    length float64
}
func (r rectangles) getDiagonalLength() float64 {
    return math.Sqrt(r.length * r.length + r.width * r.width)
}
func checkAndProcess(s shaper) {
    varR, ok := s.(rectangles)
    if ok {
        fmt.Println(varR.getDiagonalLength())
    } else {
        fmt.Println(varR)
    }
}
func main() {
    var shaperA shaper
    var shaperB shaper
    shaperA = circle{5}
    shaperB = rectangles{3, 4}
    checkAndProcess(shaperA)
    checkAndProcess(shaperB)
}
```

其中 shaper 是一个空接口，而 rectangles 类型具有其特有的方法来获取对角线长度。在程序中为接口变量分别赋值 circle 类型以及 rectangles 类型的变量，并在之后使用类型断言进行检查及转换。

执行结果为：

```
{0 0}
5
```

可以看出，被赋予 circle 类型的值的 shaperA 并不能转换为 rectangles 类型的变量，而 shaperB 完成了转换。

10.5　类型查询

在进行接口类型判断时，除了类型断言之外，Go 语言提供了结合 switch 语句的类型查询方式。其形式如下：

```
switch varC := varI.(type) {
case int:
    //在这个 case 中 varC 为 int 类型
    varC ++
case string:
    //在这个 case 中 varC 为 string 类型
    varC = "It's a string"
...
    default:
    ...
}
```

在类型查询中，switch 中的 varI 为被检查的接口类型的变量，小括号中必须是 type。可以看到，varC 在不同的类型 case 中是不同的类型的变量。

在介绍空接口时曾提到，应用类型查询的典型例子是标准库 fmt 中的一系列 Print()函数。通过配合使用接口和类型查询，可以实现相当灵活的函数。

本章小结

本章介绍了接口的定义及其使用。Go 语言中，类需要隐式实现接口，对于一个具体的类型，无须声明它实现了哪些接口，只要提供接口所必需的方法即可。通过本章的学习，希望读者对接口有所了解，并能深入体会 Go 语言中接口的精髓。

课后练习

一、判断题

1. 接口即约定。　　　　(　　)

2. 一个接口类型定义了一套方法，如果一个具体类型要实现该接口，那么必须实现接口类型中的所有方法。　　　　(　　)

3. Go 语言中接口的实现需要显式的声明。　　　　(　　)

4. Go 语言中空接口可以被赋予任意类型的值。　　　　(　　)

5. 实现了一个接口的某个类型也可以再有其他的函数，但是一个类型不可以实现多个接口。 (   )

二、填空题

1. 接口类型是对其他类型行为的概括和抽象。Go语言接口的独特之处在于它是________，接口是一种________类型。

2. 如果接口或是接口中的方法声明是不可导出的，则该接口________被其他包中的类型所实现。

3. 只要一个类型中包含有某一接口的________的方法，并且这些对应方法的命名、传入参数和返回值类型都完全________，那么该类型就可以在程序中当作________，不需要________。

4. 接口值有两部分：一个具体类型和该类型的一个值。二者称为接口的________和________。

三、编程练习

第8章简单介绍了链表。之前定义结点时，其有效数据部分类型为int。请尝试修改定义，使结点的有效数据部分可以为任意类型。结合之前定义的追加方法，在链表中追加这种结点并输出链表。

第11章

并　发

在操作系统中，并发是指一个时间段中有几个程序都处于已启动运行到运行完毕之间，且这几个程序都是在同一个处理机上运行，但任一个时刻上只有一个程序在单处理机上运行。并发程序之间有相互制约关系，分为直接制约与间接制约。直接制约体现为一个程序需要另一个程序的计算结果，间接制约体现为多个程序竞争某一资源，如处理机、缓冲区等。当系统有一个以上 CPU 时，则线程的操作有可能非并发。当一个 CPU 执行一个线程时，另一个 CPU 可以执行另一个线程，两个线程互不抢占 CPU 资源，可以同时进行，这种方式称为并行(Parallel)。

本章主要介绍 Go 语言协程(goroutine)的基本用法，通道(channel)的基本用法、利用 sync 包实现协程的同步，以及 select 的用法和注意事项。在本章的各节中都会涉及 Go 语言的并发操作。

本章要点：

- 掌握协程的创建和使用。
- 掌握通道的创建、读入、读出和关闭。
- 掌握 select 不同情况下的用法。
- 掌握通道与协程的结合。
- 了解协程同步的实现方法。

11.1　协程

Go 语言从语言级别上对并发提供了支持。协程是 Go 并行设计的核心。协程比线程更小，十几个协程体现在底层相当于五六个线程。执行协程自定义的初始栈仅需 2KB，所以能创建成千上万的并发任务。自定义栈采取按需分配策略，在需要时进行扩容，最大能到吉字节规模。显然，协程比线程更易用、更高效、更轻便。

11.1.1 协程简单应用

例 11.1 启动一个简单的协程。

```
package main
import (
    "fmt"
    "time"
)
func main() {
    for i := 0; i < 10; i++{
        //一个匿名函数启动一个协程
        go func(i int) {
            for {
                fmt.Println("Hello from goroutine", i)
            }
        }(i)
    }
    time.Sleep(time.Millisecond)
}
```

程序运行结果：

```
Hello from goroutine 4
Hello from goroutine 7
Hello from goroutine 5
Hello from goroutine 6
Hello from goroutine 1
Hello from goroutine 0
Hello from goroutine 2
Hello from goroutine 3
Hello from goroutine 9
Hello from goroutine 8
```

可以看到十个匿名函数都被执行了，但是其执行的顺序不确定，因为Go会依次创建协程，但协程初始化的时间不一致，所以每次执行的顺序不同。

11.1.2 协程与阻塞

如前所述，Go会在main的主线程内创建多个协程，但是主线程不会等待协程执行完毕。一旦主线程执行完毕，被创建的多个协程还没有被执行就被"抛弃"了。所以，为了保证所有协程顺利执行，需要采取一些手段来阻止主线程提前结束。不妨在main()函数的最后加一句

```
time.Sleep(time.Millisecond * 10)
```

来延长主线程的执行时间。否则如下例，程序会因为主线程结束而来不及输出任何结果。

例 11.2 被线程“抛弃”的协程。

```
package main
import (
  "fmt"
)
func main() {
    for i := 0; i < 10; i++{
        go func(i int) {
            fmt.Println("Hello from goroutine", i)
        }(i)
    }
}
```

程序运行结果：

上述程序的运行结果为空，协程没有及时被执行。

除此之外，还有别的方法可以造成阻塞以保证程序的正常执行。比如利用

```
fmt.Scanln(&input)
```

的等待输入的方式等待用户主动终止程序。利用 time 包的 NewTimer 或 NewTicker 也可以起到类似的作用。这两个函数将会在 11.1.3 介绍。

11.1.3 NewTimer 与 NewTicker

协程与 time 包的巧妙结合可以实现很多有用的功能，比如控制函数之间的相互调用顺序，处理函数间的值依赖关系。以下给出 NewTimer 和 NewTicker 的基本使用方法。

例 11.3 NewTimer 阻塞主线程。

```
package main
import (
  "fmt"
  "time"
)
func main() {
  fmt.Println("begin:", time.Now())
  //NewTimer 会在指定的时间间隔后创建一个发送当前时间的新的计时器 timer
//并且这个 timer 的类型是通道类型的
  timer1 := time.NewTimer(time.Second * 2)
  m := <- timer1.C
  fmt.Println("timer1 expired:", m)
  timer2 := time.Newtimer(time.Second * 2)
  go func() {
    <- timer2.C
    fmt.Println("timer 2 is expired")
  }()
```

```
    //return bool
    stop := timer2.Stop()
    if stop {
      fmt.Println(time.Now())
    }
  }
```

程序运行结果：

```
begin: 2018-07-24 09:08:59.685275 +0800 CST m=+0.002991401
timer1 expired: 2018-07-24 09:09:01.6859624 +0800 CST m=+2.003678801
2018-07-24 09:09:01.6859624 +0800 CST m=+2.003678801
```

程序运行结果显示在两秒后计时器 timer1 过期，但是由于计时器 timer2 被提前终止，所以协程中的输出结果没有出现，即计时器 timer2 还没有来得及过期就被停止了。函数 NewTimer()创建了一个在指定时间后发送当前时间的计时器。timer.Stop()函数在执行之后会返回 true 或者 false 来告诉调用者是否成功停止掉了指定的计时器。

除了 NewTimer，NewTicker 也可以很好地阻塞主线程。它会创建一个在指定时间间隔发送当前时间的 Ticker。

例 11.4 NewTicker 阻塞主线程。

```
package main
import (
    "fmt"
    "time"
)
func main() {
    //创建一个定时器，每秒钟执行一次
    ticker := time.NewTicker(time.Second * 1)
    go func() {
        for t := range ticker.C {
            fmt.Println("tick:", t)
            }
    }()
    time.Sleep(time.Second * 5)
    ticker.Stop()
    fmt.Println("ticker stopped")
}
```

程序运行结果：

```
tick: 2018-07-24 09:21:08.4801319 +0800 CST m=+1.003549201
tick: 2018-07-24 09:21:09.4802078 +0800 CST m=+2.003625101
tick: 2018-07-24 09:21:10.4801335 +0800 CST m=+3.003550801
tick: 2018-07-24 09:21:11.480124 +0800 CST m=+4.003541301
ticker stopped
```

从程序运行结果可以看到，ticker 非常好地阻塞了协程的执行效果，将本来立即会执行的函数变为每秒钟一次。

11.2 同步协程

11.2.1 WaitGroup

Go 语言中的同步是通过 sync. WaitGroup 来实现的。WaitGroup 实现了一个类似队列的结构,可以一直向队列中添加任务。当任务完成后便从队列中删除,如果队列中的任务没有完全完成,则可以通过 Wait()来阻塞,防止程序继续进行。直到所有的队列任务都完成,程序终止。

WaitGroup 向外暴露了三个方法：Add(delta int)、Done()、Wait()。

(1) Add：添加或者减少等待协程的数量。

(2) Done：相当于 Add(−1)。

(3) Wait：执行阻塞,直到所有的 WaitGroup 数量变成 0。

例 11.5 使用 WaitGroup 实现协程计数及线程阻塞。

```
package main
import (
    "fmt"
    "sync"
)
var wt sync.WaitGroup
func goFunc(i int) {
    defer func() {
        fmt.Println(i)
        wt.Done()
    }()
}
func main() {
    for i := 0; i < 10; i++{
        wt.Add(1)
        go goFunc(i)
    }
    //防止主线程提前结束
    wt.Wait()
    fmt.Println("此处的代码在协程执行完毕后输出")
}
```

程序运行结果：

```
9
0
4
6
5
3
7
```

```
1
8
2
此处的代码在协程执行完毕后输出
```

从程序运行结果可见，所有协程执行完毕之后输出的代码如期地输出到了命令行中，故利用 sync.WaitGroup 实现协程的同步操作是完全可行的。

11.2.2 Cond

除了可以利用 WaitGroup 实现同步协程之外，Cond 也可以实现相类似的效果。Cond 的使用非常简单，只需要借助于 lock 实现线程阻塞。Cond 只定义了三个方法：Wait()、Signal()和 Broadcast()。Signal 函数负责通知已经获取锁的协程解除阻塞状态开始正常运行。但是 Signal()只能通知随机一个获取到锁的协程，可以使用 Broadcast()方法来通知所有的协程全部解除阻塞状态。简单应用如下：

例 11.6 使用 Cond 管理协程。

```go
package main
import (
    "fmt"
    "sync"
    "time"
)
var locker = new(sync.Mutex)
var cond = sync.NewCond(locker)
var wt sync.WaitGroup
func test(x int) {
    cond.L.Lock()
    fmt.Println("协程已经被锁")
    cond.Wait()                     //等待通知,阻塞在此
    fmt.Println("协程", x, "已经被通知可以继续执行")
    time.Sleep(time.Second)
    defer func() {
        cond.L.Unlock()             //释放锁
        wt.Done()
    }()
}
func main() {
    //所有协程都已经准备完毕,但是全部阻塞等待下文的通知
    for i := 0; i < 10; i++{
        go test(i)
        wt.Add(1)
    }
    fmt.Println("start all")
    //每隔一秒钟通知一个协程可以解除阻塞状态
    time.Sleep(time.Second * 1)
    cond.Signal() //下发一个通知给已经获取锁的协程
    time.Sleep(time.Second * 1)
```

```
    cond.Signal() //下发一个通知给已经获取锁的协程
    time.Sleep(time.Second * 1)
    fmt.Println("start Broadcast")
    cond.Broadcast() //下发广播给所有等待的协程
    wt.Wait()
}
```

程序运行结果：

```
start all
协程已经被锁
协程已经被锁
协程已经被锁
协程已经被锁
协程已经被锁
协程已经被锁
协程已经被锁
协程已经被锁
协程已经被锁
协程已经被锁
协程 4 已经被通知可以继续执行
协程 0 已经被通知可以继续执行
start Broadcast
协程 8 已经被通知可以继续执行
协程 1 已经被通知可以继续执行
协程 2 已经被通知可以继续执行
协程 3 已经被通知可以继续执行
协程 6 已经被通知可以继续执行
协程 5 已经被通知可以继续执行
协程 7 已经被通知可以继续执行
协程 9 已经被通知可以继续执行
```

从程序运行结果可以知道，cond. Wait()方法之后的内容在接收到 Singal 或者 Broadcast 的通知前都将处于阻塞状态。之前的内容如 fmt. Println()函数并没有被阻塞执行。

11.2.3 Once

对于从全局的角度只需要运行一次的代码，比如全局初始化操作，Go 语言提供了一个 once 类来保证全局的唯一性操作。

例 11.7 使用 once 保证操作唯一性。

```
package main
import (
    "fmt"
    "sync"
    "time"
)
func onceFunc() {
```

```
        fmt.Println("Only once")
    }
    func main() {
        var once sync.Once
        for i := 0; i < 10; i++{
            j := i
            go func(int) {
                once.Do(onceFunc)
                fmt.Println(j)
            }(j)
        }
        time.Sleep(time.Second * 4)
    }
```

程序运行结果：

```
Only once
4
8
9
1
0
5
6
2
7
3
```

可以看到，协程被生成了十个，因为十个数组都顺利地输出在命令行中了。但是onceFunc()函数在整个线程结束前只执行了一次。

11.3 通道

通道是Go语言在语言级别提供的协程间的通信方式，通过使用通道可以在两个或者多个协程之间传递消息。当一个资源需要在协程之间共享时，通道在协程之间架起了一个管道，并提供了确保同步交换数据的机制。在特定的时间内只能有一个协程访问资源，这样就不会产生资源争用的情况。

通道的通信机制相当于工厂中的传送带，一台机器(生产者协程)将物品放到皮带上，另一台机器(消费者协程)将它们取出包装。通过通道，进行通信的协程可以相互了解对方的状态。

11.3.1 通道定义

声明通道时，需要指定将要被共享的数据的类型。可以通过通道共享内建类型、命名类型、结构类型和引用类型的值或指针。通道是类型相关的，也就是说，一个通道只能传递一种类型的值，这个类型需要在声明通道时指定。如果通道没有被初始化，那么它的值为nil。

通道是一种先进先出的结构，它保留了发送到通道中的资源的顺序。其变量的定义可以使用 var identifier chan datatype。其中 identifier 就是变量名，datatype 则是数据类型，如 int、string 等。

通道是一种引用类型，所以需要使用 make()函数为它分配内存。

一个字符串通道 ch1 的初始化：

```
var ch1 chan string
ch1 = make(chan string)
```

或者简写为

```
ch1 := make(chan string)
```

操作符<-表示数据的传递方向：沿着箭头的方向流动。它包括三种类型的定义。

- ch<-int1：变量 int1 被发送到通道 ch 中；
- int2=<-ch：变量 int2 从通道 ch 接收数据；
- <-ch：读取通道顶部的值。

如果没有指定方向，那么通道就是双向的，既可以接收数据，也可以发送数据。具体使用方法见例 11.8。

例 11.8 通道定义。

```
package main
import "fmt"
func main() {
    //定义一个双向传输数据的通道
    ch1 := make(chan string, 1)
    ch1 <- "content"
    fmt.Println(<-ch1) //content
    //定义一个只能单向接收数据的通道
    ch2 := make(chan<- string, 1)
    ch2 <- "content2"
    //fmt.Println(<-ch2)
    //invalid operation: <-ch2 (receive from send-only type chan<- string)
}
```

程序运行结果：

```
Content
```

例 11.8 在试图对一个只能写入数据的通道进行读取数据时编译程序报错，提示该读取操作是无效操作。

11.3.2 通道的缓冲机制

默认情况下，通信是同步且无缓冲的：在有接收者接收数据之前，发送不会结束。可以想象一个无缓冲的通道在没有空间来保存数据的时候：接收者必须准备好接收数据的通道，然后发送者可以直接把数据通过准备好的通道发送给接收者。所以通道的发送/接收操作在对方准备好之前是线程阻塞的：

(1) 对于同一个通道上的发送操作，在接收者准备好之前是线程阻塞的：如果通道中的数据无人接收，就无法再给通道传入其他数据。新的输入无法在通道非空的情况下传入，所以发送操作会等待通道再次变为可用状态，即通道值被接收时。

(2) 对于同一个通道上的接收操作，在发送者发送数据前是线程阻塞的。如果通道中没有数据，那么线程会被阻塞直到通道被重新写入数据。

通道的缓冲区在未满之前，可以反复向通道发送或读取消息；缓冲区满后，如果继续向该通道发送消息会造成程序错误(死锁)。带缓冲的通道的初始化如下所示：

```
ch : = make(chan type, value)
```

value的值即是缓冲区的大小。

可以尝试在没有设置缓冲区的通道中写入数据。

```
ch1 : = make(chan string)
ch1 <- "content"
```

程序运行结果：

```
fatal error: all 协程 s are asleep - deadlock!
```

程序报错！如果为通道ch1设定好缓冲区再读取数据：

```
ch1 : = make(chan string, 1)
ch1 <- "content"
fmt.Println(<- ch1)
```

程序运行结果：

```
Content
```

可以看到，设置过缓冲区的通道可以正常读写了。带缓冲的通道在缓冲区未满之前，可以向通道继续写入消息。如果写入的数据规模大于缓冲区大小，则会造成程序错误；如果写入的数据个数小于缓冲区大小，缓冲区未满，可以正常写入消息。

除了可以设置缓冲区解决程序报错的问题，还可以新建一个协程解决问题。但是协程需要阻塞主线程来保证协程的顺利执行，所以要利用time或者<—ch阻塞主线程来保证程序的正常运行。程序如下：

```
ch1 : = make(chan string)
    go func() {
        ch1 <- "content"
}()
//在读取到 ch1 通道的数据前，主线程会一直阻塞下去
fmt.Println(<- ch1)
```

程序运行结果：

```
content
```

11.3.3 通道的 close

Go 语言提供了内建的 close()函数对通道进行关闭操作。只有需要告诉接收者没有新的数据时才需要关闭通道，所以只有发送者可以关闭通道。

有关通道的 close，需要注意以下事项：

(1) 关闭一个未初始化(nil)的通道会产生错误(panic)。

(2) 重复关闭同一个通道会产生错误(panic)。

(3) 向一个已关闭的通道中发送消息会产生错误(panic)。

(4) 从已关闭的通道读取消息不会产生错误(panic)，且能读出通道中还未被读取的消息，若消息均已读出，则会读到类型的零值。

(5) 从一个已关闭的通道中读取消息永远不会阻塞，并且会返回一个为 false 的 bool 类型的变量，可以用来判断通道是否成功关闭。

例 11.9 关闭通道时的注意事项。

```
package main
import "fmt"
func main() {
    var ch1 chan int
    //未初始化的 ch1 被关闭的时候会产生错误(panic)
    //close(ch1)                      //panic: close of nil 通道
    ch1 = make(chan int, 10)
    //向初始化的通道中写入数据
    ch1 <- 1
    ch1 <- 2
    close(ch1)
    //close 关闭过的通道会报错(panic)
    //close(ch1) //panic: close of closed 通道
    //向已经关闭的通道发送消息
    //ch1 <- "content"?//panic: send on closed 通道
    //从已经关闭的通道中读取消息
    val, ok : = <- ch1
    fmt.Println(val, ok) //1 true
    val, ok = <- ch1
    fmt.Println(val, ok) //2 true
    val, ok = <- ch1
    fmt.Println(val, ok) //o false
}
```

11.3.4 select

1. select 的基本用法

select 是 Go 语言中的一个控制结构，类似于 switch 语句，用于处理异步 IO 操作。select 会监听 case 语句中通道的读写操作，当 case 语句中通道读写操作为非阻塞状态(即能读写)时，将会触发相应的动作。

（1）如果有多个 case 语句都可以运行，select 会随机公平地选出一个执行，其他的 case 语句均不会执行。

（2）如果没有可运行的 case 语句，且有 default 语句，那么就会执行 default 的动作。

（3）如果没有可运行的 case 语句，且没有 default 语句，那么 select 将阻塞，直到某个 case 通信可以运行。

例 11.10 select 基本用法示例。

```
package main
import "fmt"
func main() {
    ch1 := make(chan string)
    ch2 := make(chan string)
    go func() {ch1 <- "hello"}()
    select {
    case <- ch1:
        fmt.Println("ch1 received msg")
    case <- ch2:
        fmt.Println("ch2 received msg")
    }
}
```

程序运行结果：

```
ch1 received msg
```

上例没有写 default 函数，所以会阻塞在通道读写处，等待协程执行完毕，ch1 被写入字符串"hello"。此时 select 开始运转，检测到 case1 可以被执行，因此直接输出“ch1 received msg”。

如果当 select 中有多个 case 都可以被执行，则 Go 语言会从多个 case 中随机公平地选出一项。

例 11.11 多个 case 都可以运行时的 select。

```
package main
import "fmt"
func main() {
    ch1 := make(chan string)
    go func() {ch1 <- "hello"}()
    select {
    case <- ch1:
        fmt.Println("ch1 received msg")
    case a := <- ch1:
        if a == "hello" {
            fmt.Println("ch1 received msg hello")
        }
    }
}
```

程序运行结果 1：

```
ch1 received msg
```

程序运行结果 2：

```
ch1 received msg hello
```

此时 select 下面的两个 case 都是可以执行的，所以现在程序的执行结果开始变得不确定，出现了两个结果。

除了上面所列的情况外，还有 select 写有 default 的情况。

例 11.12 有 default 的 select 的情况。

```
package main
import "fmt"
func main() {
    ch1 : = make(chan string, 1)
    ch2 : = make(chan string, 1)
    ch2 <- "content"
    select {
    case <- ch1:
        fmt.Println("ch1 received msg")
    case a : = <- ch1:
        if a == "hello" {
            fmt.Println("ch1 received msg hello")
        }
    default:
        fmt.Println("default method happened")
    }
}
```

程序运行结果：

```
default method happened
```

如上，因为字符串被写入了通道 ch2 中，而 select 中的 case 语句没有相应的可以执行的情况，所以 default 语句被执行。虽然 default 语句可以防止程序发生不必要的错误，但是 default 语句的使用还是需要慎重。因为通道的操作经常会涉及协程，但是协程的调用和初始化需要一定时间，所以通常通道操作还没有来得及开始，程序就已经执行 default 结束运行了。

2. 超时判断

Go 语言不会让 select 长时间地阻塞下去，可以设置一个 select 的超时判断的 case 来让 select 提前终止，而不必继续等待通道的操作。

例 11.13 有超时判断 case 的 select 的情况。

```
package main
import (
    "fmt"
    "time"
)
func main() {
    ch1 : = make(chan string, 1)
    go func() {
```

```
            time.Sleep(time.Millisecond * 1000)
            ch1 <- "msg"
        }()
        select {
        case <-ch1:
            fmt.Println("ch1 received msg")
        case <-time.After(time.Millisecond * 300):
            fmt.Println("over time happened")
        }
}
```

程序运行结果：

```
over time happened
```

上述程序中为 select 设置了 300 毫秒的延时等待，即如果超过 300 毫秒还没有任何 case 接管操作的话，检测是否超时的 case 就自动执行来防止程序长期阻塞在某一个进程之中。

3. 死锁(deadlock)

例 11.14 出现死锁时的 select。

```
package main
import "fmt"
func main() {
    messages := make(chan string)
    msg := "hi"
    select {
    case messages <- msg:
        fmt.Println("sent message", msg)
    }
    go func() {
        fmt.Println("received message", <-messages)
    }()
}
```

程序运行结果：

```
fatal error: all goroutine s are asleep - deadlock!
At index.go:10 + 0x7f
```

程序第七行 case messages<— msg：出错，提示 deadlock。因为 messages 通道没有设置相应的缓冲区，导致数据需要被写入通道但是通道没有提供足够的空间来接收数据。所以导致程序出错。如果更改程序为：

```
messages := make(chan string, 1)
```

则程序可以正常运行，返回“sent message hi”。

4. 多个 select

例 11.15 一个 Go 文件中存在多个 select 时的情况。

```
package main
import "fmt"
func main() {
    ch1 := make(chan string, 1)
    select {
    case ch1 <- "10":                    //可以被写入，因为此处的 ch1 是空的
    default:
    }
    select {
    case ch1 <- "11":                    //不可以被继续写入了，因为缓冲区已满
    default:
        fmt.Println(<- ch1)
    }
}
```

程序运行结果：

```
10
```

当一个程序中有多个 select 时，线程会在没有发生阻塞的情况下顺序执行下去。上述程序因为 ch1 被事先设置好了缓冲区，所以不会发生死锁的情况。

第一个 select 的 case 可以被执行，因为此时的 ch1 是空的，所以不会执行 default，且 ch1 被赋值为 10。接着去执行第二个 select，此时 ch1 已满，不能执行 case1，所以执行 default 的内容，输出 ch1 的值，值为 10。

11.3.5 协程与通道结合

例 11.16 协程与通道结合的例子。

```
package main
import (
    "fmt"
    "time"
)
func worker(id int, jobs <- chan int, results chan <- int) {
    //以 jobs 的长度作为遍历的基础.变量 jobs 是通道,
    //想要调用通道就必须要等待通道写入内容.在此之前将一直处于阻塞状态.
    //当 jobs 开始写入时下方的遍历开始
    for j := range jobs {
        time.Sleep(time.Second * 5)
        fmt.Println("worker", id, "processing job", j)
        results <- j * 2
    }
}
func main() {
    jobs := make(chan int, 100)
    results := make(chan int, 100)
    //开始调用遍历 jobs 的三个协程,协程会一直遍历 jobs 中的内容,
    //直到 jobs 被遍历完成.因为 jobs 的长度为 9,且每次遍历的时间间隔为 5 秒,
```

```
    //所以一共打印三次就可以将 jobs 遍历完成,程序结束
    for w := 1; w <= 3; w++{
        fmt.Println("第", w, "次协程 worker 开始调用")
        go worker(w, jobs, results)
    }
    //准备 jobs 的内容,它的长度决定了程序会运行多久
    fmt.Println("jobs 开始插入数据")
    for j := 1; j <= 9; j++{
        jobs <- j
    }
    fmt.Println("jobs 插入数据完毕")
    close(jobs) //关闭通道
    fmt.Println("jobs 已经被关闭,不允许再被写入数据")
    //输出 result
    //result 能否顺利输出取决于 worker 处的协程能否顺利写入,
    //所以不写入的时候此处处于阻塞状态
    for a := 1; a <= 9; a++{
        fmt.Println(<- results)
    }
}
```

程序运行结果:

```
第 1 次协程 worker 开始调用
第 2 次协程 worker 开始调用
第 3 次协程 worker 开始调用
jobs 开始插入数据
jobs 插入数据完毕
jobs 已经被关闭,不允许再被写入
worker 2 processing job 2
worker 3 processing job 3
worker 1 processing job 1
4
6
2
worker 1 processing job 6
worker 2 processing job 4
worker 3 processing job 5
12
8
10
worker 2 processing job 8
16
worker 3 processing job 9
18
worker 1 processing job 7
14
```

上例将协程和通道做了一个简单的结合应用,充分利用了通道的读取阻塞的特性使程序按部就班地实现自己的需求。

本章小结

本章主要描述了使用协程进行并发操作的方法，协程实现同步的几种方法以及可以在协程之间通信的通道。学习本章之后，读者应该能够熟练使用协程且保证程序的正常的执行，同时学会使用通道进行协程间的同步通信。

课后练习

一、判断题

1. 协程是 Go 并行设计的核心，协程比线程的体积更小。 ( )
2. 可以向一个已经关闭的通道中发送消息。 ( )
3. 不能从一个已关闭的通道中读取消息。 ( )

二、选择题

1. 以下的程序运行结果是( )。

```
package main
import "fmt"
func main() {
    c := make(chan int,5)
    c <- 2
    fmt.Println(<-c)
}
```

A. 0　　B. 2　　C. 5　　D. 程序出错

2. 以下程序的运行结果是( )。

```
package main
import "fmt"
func main() {
    c := make(chan int)
    c <- 1
    fmt.Println(<-c)
}
```

A. 0　　B. 1　　C. 0或1　　D. 程序出错

3. 以下程序的运行结果是( )。

```
package main
import "fmt"
func main() {
    ch := make(chan int, 2)
    ch <- 1
    ch <- 2
    close(ch)
    select {
    case a, ok := <-ch:
```

```
            fmt.Println(a, ok)
        default:
            fmt.Println("no msg")
        }
}
```

A. 2,true　　B. 1,true　　C. no msg　　D. 1,false

4. 以下的代码运行结果是(　　)。

```
package main
import (
    "fmt"
)
func main() {
    c := make(chan int)
    c <- 1
    fmt.Println(<-c)
}
```

A. 1　　B. 0　　C. 空　　D. 程序出错

三、填空题

1. 以下代码的运行结果是________。

```
package main
import "fmt"
func main() {
    c := make(chan int, 2)
    c <- 1
    c <- 2
    fmt.Println(<-c)
    fmt.Println(<-c)
}
```

2. 以下代码会输出________个 tick。

```
package main
import (
    "fmt"
    "time"
)
func main() {
    tick := time.Tick(100 * time.Millisecond)
    boom := time.After(500 * time.Millisecond)
    for {
        select {
        case <-tick:
            fmt.Println("tick.")
        case <-boom:
            fmt.Println("BOOM!")
            return
        default:
            fmt.Println(" .")
```

```
            time.Sleep(50 * time.Millisecond)
        }
    }
}
```

3. 以下代码的运行结果为________。

```
package main
import "fmt"
func main() {
    ch1 := make(chan int)
    go pump(ch1)
    fmt.Println(<-ch1)
}
func pump(ch chan int) {
    for i := 0; ; i++{
        ch <- i
    }
}
```

4. 以下代码的输出结果为 Timer 1 expired 和________。

```
package main
import (
    "fmt"
    "time"
)
func main() {
    timer1 := time.NewTimer(time.Second * 2)
    <-timer1.C
    fmt.Println("Timer 1 expired")
    timer2 := time.NewTimer(time.Second)
    go func() {
        <-timer2.C
        fmt.Println("Timer 2 expired")
    }()
    stop2 := timer2.Stop()
    if stop2 {
        fmt.Println("Timer 2 stopped")
    }
}
```

5. WaitGroup 共有________,________,________三个方法。

四、编程题

1. 使用通道实现 fibonacci(斐波那契数列)的输出。输出结果为 1,1,2,3,5,8,13,21,34,55,89,144。

2. 创建两个协程:一个协程输出 1~100,一个协程输出 A~Z。

第3篇　提　高　篇

本篇是Go语言程序设计的高级部分。通过前两篇的学习，读者已经对Go语言的语法有了深入的了解，但要编写更加实用的程序，还需认真学习本篇的内容。

Go语言的标准库可以在读者写程序时带来极大的便利，读者在编写程序时要善于使用标准库中的方法，快捷有效地解决自己遇到的问题。本篇主要介绍编写程序时经常遇到的三种需求，分别是文件IO操作、错误处理、自定义package。其中前两种需求均可以调用Go语言标准库中的方法解决，良好的错误处理可以让一个程序的稳定性得到很大的提高；自定义package可以提高程序代码的复用性，使读者更高效地编写程序。

本篇主要介绍了Go语言中文件IO操作、错误处理和自定义go包，本篇共分为三章。

第12章主要介绍了Go语言对文件的新建、删除、读写和复制等操作。

第13章主要介绍了错误处理、日志和defer、panic、recover方法。

第14章主要介绍了如何创建一个自定义go包并使用它。

第12章

文件操作

输入输出(I/O)是程序设计语言的一项重要概念,是程序和用户之间沟通的桥梁。方便、易用的输入输出可以使程序和用户之间产生良好的交互。在Go语言中,输入输出操作是使用原语(原语是由若干条指令组成的,用于完成一定功能的一个过程)实现的,这些原语将数据模拟成可读的或可写的字节流。为此,Go语言的io包和os包可以以流的方式高效地处理数据,而不用考虑这些数据的具体值以及这个数据来自哪里和将要发送到哪里的问题。利用这些包,Go语言可以很方便地实现多种输入输出操作以及复杂的文件管理。

本章要点:

- 了解Go中的流式输入输出。
- 掌握Go对文件的新建、打开、删除、读写等操作。
- 了解Go中关于文件复制的三种常用方法。

12.1 写数据到文件

在Go语言中,输入和输出操作是使用原语(原语是由若干条指令组成的,用于完成一定功能的一个过程)实现的,这些原语将数据模拟成可读的或可写的字节流。为此,Go语言的io包可以以流的方式高效地处理数据,而不用考虑这个数据的具体值以及这个数据来自哪里和将要发送到哪里的问题,Go语言的io包提供了io.Reader和io.Writer接口,分别用于数据的输入和输出io.Writer表示一个编写器,它从缓冲区读取数据,并将数据写入目标资源。

```
io.Writer 接口的声明:
    type Writer interface {
        Write(p []byte) (n int, err error)
    }
```

上述代码展示了 io. Writer 接口的声明。这个接口声明了唯一方法 Write(),这个方法接收一个 byte 切片,并返回两个值:第一个值是写入的字节数,第二个值是 error 错误值。

标准库中给出代码实现这个方法的一些规则。这些规则意味着 Write()方法的实现需要试图写入被传出的 byte 切片中的所有数据。但是,如果无法全部写入,那么该方法就一定会返回一个错误。返回的写入字节数可能会小于 byte 切片的长度,但不会出现大于的情况。最后,不管什么情况,都不能修改 byte 切片中的数据。即使临时修改也不行。

实现了 Writer 接口的对象有 os. stdout、os. stderr、os. file 等。

在 os 包中提供了以下文件操作的函数:

```
func WriteFile(filename string, data []byte, perm os.FileMode) error
```

函数向 filename 指定的文件中写入数据。如果文件不存在,则按给出的权限创建文件,否则在写入数据之前清空文件。

例 12.1 利用 WriteFile()函数写文件。

```
package main
import "fmt"
import "os"
    func WriteFile(path string) {
   file01, err := os.Create(path)             //根据路径,创建文件
   if err != nil {
      fmt.Println("err = ", err)
      return
   }
   defer file01.Close()                       //关闭文件
   //文件中的内容
   var str string
   for i := 0; i < 10; i++{
      str = fmt.Sprintf("i = %d\r\n", i)  //具体内容,放入字符串
      data01, err := file01.WriteString(str) //以字符串的方式写入文件,返回 data01 和 err
      if err != nil {
         fmt.Println("err = ", err)
         return
      } else {
         fmt.Println("data01 = ", data01)
      }
   }
}
   func main() {
   path := "./17_Write.txt"                   //在哪儿写这个文件
   WriteFile(path)
}
```

程序运行结果:

```
i = 0
i = 1
i = 2
i = 3
```

```
i = 4
i = 5
i = 6
i = 7
i = 8
i = 9
```

12.2 从文件中读取数据

12.2.1 创建文件

在实现从文件中读取数据前，首先应该学习如何用 Go 语言创建文件及打开文件。以下先介绍如何用 Go 语言创建一个新文件。

```
func Create(name string) (file *File, err error)
```

Create()函数采用模式 0666(任何人都可读写，不可执行)创建一个名为 name 的文件，如果文件已存在，则会截断它(为空文件)。如果成功，则返回的文件对象可用于 I/O；对应的文件描述符具有 O_RDWR 模式。如果出错，则错误底层类型是 *PathError。

```
type PathError struct {
    Op string
    Path string
    Err error
}
```

PathError 会记录错误信息，错误发生时的操作以及造成错误的文件路径。例如，当创建一个 my.txt 文件时：

```
file, err := os.Create("d:/my.txt")
```

如果创建过程中出现了错误，则错误信息将会保存在 err 变量中。

0666 的二进制表示为 0 110 110 110 分为四组，各组的含义分别如下：

第一组的 0 表示权限对象是文件夹不是文件。

第二组的 110 分别对应文件权限的读、写、执行。即第二组的作用为文件拥有者对文件拥有读写权但是没有执行权。

第三组的 110 的作用为文件拥有者所在的群组中的所有成员对文件拥有读写权但是没有执行权。

第四组的 110 的作用为除上述两组用户的其余所有用户对文件拥有读写权但是没有执行权。

12.2.2 打开文件

接下来需要了解如何打开一个文件。打开文件在 Go 语言中常用的有两种方法，分别是 Open()和 Openfile()函数。

```
func Open(name string) (file *File, err error)
```

Open()函数打开一个文件用于读取。如果操作成功，那么返回的文件对象的方法可用于读取数据；对应的文件描述符具有 O_RDONLY 模式。如果出错，那么错误底层类型是 *PathError。

```
func OpenFile(name string, flag int, perm FileMode) (file *File, err error)
```

OpenFile()是一个更一般性的文件打开函数，大多数调用者都应用 Open()或 Create()函数代替本函数。它会使用指定的选项(如 O_RDONLY 等)、指定的模式(如 0666 等)打开指定名称的文件。如果操作成功，那么返回的文件对象可用于 I/O。如果出错，那么错误底层类型是 *PathError。

其中 name 表示要打开或要创建的文件名，FileMode 表示文件的权限，只有在文件不存在，新建文件时该参数才有效。用来指定新建的文件的权限。必须与 O_CREATE 配合使用。

flag 表示打开文件的方式，可以取以下值：

- O_RDONLY——以只读的方式打开；
- O_WRONLY——以只写的方式打开；
- O_RDWR——以读写的方式打开；
- O_APPEND——以追加方式打开文件，写入的数据将追加到文件尾；
- O_CREATE——当文件不存在时创建文件 O_EXCL：与 O_CREATE 一起使用，当文件存在时 Open 失败；
- O_SYNC——不使用缓存，直接写入硬盘。
- O_TRUNC——如果文件已存在，打开是会清空文件内容。必须与 O_WRONLY 或 O_RDWR 配合使用。截断文件，需要有写的权限。

12.2.3 读文件

在介绍完创建新文件和打开文件之后，已经做好了正式读取一个文件的准备。接下来详述如何从文件中读取内容。

Io. Reader 接口的声明：

```
type Reader interface {
    Read(p []byte) (n int, err error)
}
```

上述代码中 io. Reader 接口声明了一个方法 Read()，这个方法接收一个 byte 切片，并返回两个值：第一个值是读入的字节数，第二个值是 error 错误值。

经常用到的实现了 Reader 接口的对象有 os. stdin(标准输入)、os. file(文件对象)等，可以对其调用 Read()方法来读取数据。

标准库中列出了实现 Read()方法的四条规则。第一条规则表明，该实现需要试图读取数据来填满被传入的 byte 切片。Read()方法允许读取的字节数小于 byte 切片的长度，并且如果在读取时已经读到数据但是数据不足以填满 byte 切片时，不应该等待新数据，而是要直接返回已读数据。第二条规则提供了应该如何处理达到文件末尾(EOF)的情况的指导。当读到最后一个字节时，可以有两种选择：一种是 Read()返回最终读到的字节数，并且返回 EOF 作为错误值；另一种是返回最终读到的字节数，并返回 nil 作为错误值。在后一种情况下，下一次读取的时候，由于没有更多的数据可供读取，需要返回 0 作为读到的字节数，以及 EOF 作为错误值。第三条规则是给调用 Read 的人的建议。任何时候 Read()返回了读取的字节数，都应该优先处理这些读取到的字节，再去检查 EOF 错误值或者其他错误值。最终，第四条规则建议 Read()方法的实现永远不要在返回 0 个读取字节的同时返回 nil 作为错误值。如果没有读到值，Read()应该总是返回一个错误。

例 12.2　利用 ReadFile()函数读文件。

```
package main
import "fmt"
import "os"
import "io"
   func ReadFile(path string) {
   file01, err := os.Open(path)                     //根据路径,返回文件名和 err
   if err != nil {
      fmt.Println("err = ", err)
      return
   }
   defer file01.Close() //关闭文件
   s1 := make([]byte, 2048)
   long, err := file01.Read(s1)                     //以切片的方式读文件,返回读的长度和 err
   if err != nil && err != io.EOF {
      fmt.Println("err = ", err)
      return
   } else {
      fmt.Println(string(s1[0:long]))               //以字符串的方式输出
   }
}
   func main() {
   path := "./17_Write.txt"
   ReadFile(path)
}
```

程序运行结果：

```
i = 0
i = 1
i = 2
i = 3
i = 4
i = 5
i = 6
i = 7
i = 8
i = 9
```

在 ioutil 中封装了一些函数，让 IO 操作更简单方便：

```
func ReadAll(r io.Reader) ([]byte, error)
```

ReadAll()从 r 读取数据直到 EOF 或遇到 error，返回读取的数据和遇到的错误。成功调用返回的 err 为 nil 而非 EOF。因为本函数定义为读取 r 直到 EOF，它不会将读取返回的 EOF 视为应报告的错误。

```
func ReadFile(filename string) ([]byte, error)
```

ReadFile()从 filename 指定的文件中读取数据并返回文件的内容。成功调用返回的 err 为 nil 而非 EOF。因为本函数定义为读取整个文件，它不会将读取返回的 EOF 视为应报告的错误。

12.3 文件的复制

在文件操作中，文件的复制是很常用的功能。

文件的复制操作，包括了文件的打开、关闭和读写。主要过程为是读取数据文件的内容，然后将其写入到另外一个文件中。

在 Go 语言中，文件复制有三种常用方式。

12.3.1 使用 Go 语言内建的 Copy()函数

第一种方式是使用 Go 语言内建的 Copy()函数完成文件的复制。io.Copy()的函数声明如下：

```
func Copy(dst Writer, src Reader) (written int64, err error)
```

Copy()函数可以实现从源到目标文件的复制，直到读到源的 EOF 或者出现其他的错误，它返回所复制的字节数及复制过程出现的第一个错误。如果成功复制，那么 Copy()返回的 err 的值为 nil，因为 Copy()被定义为从源复制直到遇到 EOF，它不把 EOF 当作一个错误。

io.Copy()可以轻松地将数据从一个 Reader 复制到另一个 Writer。它抽象出 for 循环模式并正确处理 io.EOF 和字节计数。

例 12.3 使用 Copy()函数将一个文件复制到另一个文件。

```
package main
import (
   "fmt"
   "io"
   "os"
)
   func main() {
   CopyFile(os.Args[1], os.Args[2])          //os.Args[1]为目标文件,os.Args[2]为源文件
   fmt.Println("复制完成",)
}
```

```
    func CopyFile(dstName, srcName string) (written int64, err error) {
    src, err := os.Open(srcName)
    if err != nil {
        return
    }
    defer src.Close()
    dst, err := os.OpenFile(dstName, os.O_WRONLY|os.O_CREATE, 0644)
    if err != nil {
        return
    }
    defer dst.Close()
    return io.Copy(dst, src)
}
```

程序运行结果：

```
F:\GoLand 2018.1.5\go program\test>go run index.go ../target.txt ../17_Write.txt
    复制完成
    复制完成后，将会在当前目录下生成复制产生的 target 文件，target 文件的内容如下：
    i = 0
i = 1
i = 2
i = 3
i = 4
i = 5
i = 6
i = 7
i = 8
i = 9
```

注意这里 defer 的使用，在源文件和目的文件打开后都用了一个 defer 延迟关闭文件。如果目标文件后面没有使用 defer dst.Close()，那么一旦创建目标文件调试失败，就将直接返回错误，那么，会导致源文件一直保持打开状态，这样资源就得不到释放。因此，在 Go 语言中，记得打开一个文件做了错误判断后要紧跟一个 defer close 延迟调用。

12.3.2 使用 Go 语言内建的 CopyN()函数

第二种是使用 Go 语言内建的 CopyN()函数完成文件的复制。io 包里的 io.CopyN 函数声明如下：

```
func CopyN(dst Writer, src Reader, n int64) (written int64, err error)
```

CopyN()函数将从源文件里复制 n 字节(或者遇到错误中断)到目标文件，并返到实际复制的节数。只有 err 为 nil 时，written 才会等于 n。

例 12.4 使用 copyN()函数将一个文件复制到另一个文件。

```
package main
import (
    "strconv"
```

```
        "os"
        "io"
        "fmt"
)
    func main() {
    arg3, _ := strconv.ParseInt(os.Args[3], 10, 64)
    count, _ := CopyFile(os.Args[1], os.Args[2], arg3)
    fmt.Println("复制完成,字节数为", count)
}
    func CopyFile(dstName, srcName string, n int64) (written int64, err error) {
    src, err := os.Open(srcName)
    if err != nil {
        return
    }
    defer src.Close()
    dst, err := os.OpenFile(dstName, os.O_WRONLY|os.O_CREATE, 0644)
    if err != nil {
        return
    }
    defer dst.Close()
    return io.CopyN(dst, src, n)
}
```

程序运行结果(输入样例为：go run index.go ../target2.txt ../17_Write.txt 12)：

```
复制完成,字节数为 12
```

复制完成后，将会在当前目录下生成复制产生的 target2 文件，文件内容与 target.txt 相同。

12.3.3 文件的读入与写出

第三种方式是将原文件的内容读出来，再写到另一个文件中去，完成文件的复制。

例 12.5 Go 语言复制文件。

```
package main
import (
    "io"
    "fmt"
    "os"
)
    func main() {
    list := os.Args                              //获取命令行参数
    if len(list) != 3 {
        fmt.Println("命令行参数不够 3 个.")
        return
    }
    srcFileName := list[1]
    dstFileName := list[2]
    if srcFileName == dstFileName {
        fmt.Println("两文件名不能相同.")
        return
```

```
    }
    SF, err1 := os.Open(srcFileName)            //打开源文件,看到内容
    if err1 != nil {
        fmt.Println("err1 = ", err1)
        return
    }
    DF, err2 := os.Create(dstFileName)          //创建一个新文件,放复制后的文件
    if err2 != nil {
        fmt.Println("err2 = ", err2)
        return
    }
    defer SF.Close()                            //最后关闭源文件和新文件
    defer DF.Close()
    buf := make([]byte, 1024 * 4)               //缓冲池,暂存数据
    for {
        n, err3 := SF.Read(buf)                 //从源文件读数据到 buf
        if err3 != nil {
            if err3 == io.EOF {
                break
            }
            fmt.Println("err3 = ", err3)
        }
        DF.Write(buf[:n])                       //从 buf 写入 DF 新文件
    }
}
```

程序运行后生成一个 txt 文件,内容如下:

```
i = 0
i = 1
i = 2
i = 3
i = 4
i = 5
i = 6
i = 7
i = 8
i = 9
```

本章小结

本章主要介绍了 Go 语言有关文件操作的基础知识,包括文件的创建、文件的读写以及文件的复制,重点介绍了使用三种方式进行文件复制。

课后练习

一、选择题

下列哪项是 Go 语言中所定义的字节流?(　　)

A. Output　　B. Reader　　C. Writer　　D. byte

二、编程题

1. 编写程序，删除文件 test. txt。请编写程序判断文件或文件夹是否存在。

2. 编写程序，将程序文件的源代码复制到程序文件所在目录的 temp. txt 文件中。

3. 编写程序，实现当用户输入的文件名不存在时提示用户重新输入，直到输入一个正确的文件名后，打开这个文件并将文件内容输出到屏幕上。

4. 编写程序，将当前目录下的文件 target. txt 的文件名改为 target1. txt。

5. 编写程序，判断某个文件的读取权限。

第13章

错误处理与日志

本章从对自定义错误和异常的区别讲起，分别对定义错误、打印错误的方法以及 panic()、recover()函数结合对异常处理的方法进行了讲解。重点对 defer()、panic()、recover()这三个函数的作用和用法进行了说明，最后对日志的生成方法进行了简单介绍。

本章要点：

- 熟悉定义错误和打印错误以及生成日志的方法。
- 掌握 defer 的功能和用法。
- 理解 panic()、recover()函数以及两者的关系。

13.1 错误处理

13.1.1 定义错误

错误不同于异常，错误是指程序中可能出现问题的地方出现了问题，而异常指的是不应该出现问题的地方出现了问题。从程序开发过程的角度来说，错误是业务过程中的一部分，而异常不是。常见的错误处理方式和异常处理方式由程序员来定义，Go 语言中有相关处理方法，下面进行介绍。

Go 语言中调用 errors 接口来处理错误，errors 接口来源于 Go 语言提供的依赖包 errors。errors 中有且只有一个 New()函数用于对错误进行定义。下面对 New()函数进行说明：

```
func New(text string) error {
    return &errorString{text}
}
```

该方法使用字符串来创建一个错误，具体使用方法类似于 fmt 包中的 Errorf()函数：

```
func Errorf(format string, a ...interface{}) error {
    return errors.New(Sprintf(format, a...))
}
```

errors 中的 New()方法功能是将一段与错误信息相关的字符串定义为一个错误类型。而 Errorf()方法是根据 format 参数生成格式化字符串并返回一个包含该字符串的错误。

New()方法的具体使用方式如下：

```
err: = errors.New("runtime error: divide by zero")
```

样例中定义了一个除零错误，使用过程中将该错误在字段 Err 中返回即可。

使用 Errorf()定义错误形式如下：

```
err: = fmt.Errorf(" % s","runtime error: divide by zero")
```

与 errors 中的 New()方法不同，该方法可以对输出的错误信息格式进行定义而不仅仅是接收一段字符串。

在实际项目开发中，常见的错误信息可能会被规范定义到一个统一的文件中。下面列举一些常见的异常信息的规范写法：

```
var ERR_EOF = errors.New("EOF")                                            //程序终止错误
var ERR_NO_PROGRESS = errors.New("multiple Read calls return no data or error")
                                                                           //无返回值错误
var ERR_NO_BUFFER = errors.New("no buffer")                                //无缓冲错误
var ERR_NO _WRITE = errors.New("no write")                                 //未写入错误
var ERR_UNEXPECTED_EOF = errors.New("unexpected EOF")                      //无法预知的程序终止错误
```

13.1.2 打印错误

在介绍了如何定义错误之后，下面进一步介绍怎样在实际应用中实现对错误的打印。错误常引用在函数中使用，当遇到某些可能会出现的不可避免的错误时，需要在函数中事先做出判断，防止程序运行发生异常，下面以除零错误作为案例。

例 13.1 除零错误处理程序。

```
package main
import (
    "errors"
    "fmt"
)
    func DivideTest(dividend float64, divisor float64) (result float64, err error) {
  if divisor == 0 {
    result = 0.0
    err = errors.New("runtime error: divide by zero")             //定义错误
    return
  }
  result = dividend / divisor
```

```
        err = nil
        return
    }
    func main() {
        r, err := DivideTest(6.6, 0)
        if err != nil {
            fmt.Println(err)                    //错误处理 runtime error:
                                                  divide by zero
        } else {
            fmt.Println(r)                      //使用返回值
        }
    }
```

程序运行结果：

```
runtime error: divide by zero
```

在该程序的 DivideTest()函数中，如果出现除数为零的情况，则会返回错误信息"runtime error: divide by zero"，并且在后台打印出来。如果程序没有出现除数为零的情况，则返回商值。

以上是对一些常见错误的简单处理，实际开发过程中遇到更多的是异常，而不是一般错误，我们需要做的是对不可预见的异常进行处理，这就需要用到 13.2 节讲到的三种函数 defer()、panic()、recover()。

13.2 defer()、panic()、recover()函数

Go 语言引入了三种函数来进行异常错误的处理，即函数 defer()、panic()、recover()，下面一一进行介绍。

13.2.1 defer()函数

defer()函数的作用是推迟 defer 关键字下的语句，直到函数结束时才会被调用，如果这条语句后面的语句运行时发生了异常，defer 关键字下的语句仍然会被执行。

例 13.2 用一个案例来解释 defer 关键字下的语句的运行情况。

```
package main
import "fmt"
func main() {
    No_defer_Test()           //不调用 defer
    defer_Test1()             //调用 defer
    defer_Test2()             //defer 不带参匿名函数
    defer_Test3()             //defer 带参匿名函数
    defer_Test4()             //调用多个 defer
}
func No_defer_Test(){
    fmt.Println("No_defer_Test")
    a:=1
```

```
    fmt.Println("a1 = ",a)
    a++
    fmt.Println("a2 = ",a)
}
func defer_Test1(){
    fmt.Println("defer_Test1")
     b: = 1
     defer fmt.Println("b1 = ",b)
     b++
     fmt.Println("b2 = ",b)
}
func defer_Test2(){
    fmt.Println("defer_Test2")
    c: = 1
    defer func() {
        fmt.Println("c1 = ",c)
    }()
    c++
    fmt.Println("c2 = ",c)
}
func defer_Test3(){
    fmt.Println("defer_Test3")
    d: = 1
    defer func(d int){
        fmt.Println("d1 = ",d)
    }(d)
    d++
    fmt.Println("d2 = ",d)
}
func defer_Test4(){
    fmt.Println("defer_Test4")
    e: = 1
    defer fmt.Println("e1 = ",e)
    e++
    defer fmt.Println("e2 = ",e)
    e++
    defer fmt.Println("e3 = ",e)
    }
```

程序的运行结果：

```
No_defer_Test
a1 =  1
a2 =  2
defer_Test1
b2 =  2
b1 =  1
defer_Test2
c2 =  2
c1 =  2
defer_Test3
```

```
d2 = 2
d1 = 1
defer_Test4
e3 = 3
e2 = 2
e1 = 1
```

可以看出,defer_Test1 中推迟执行了 fmt.Println("b1=",b)语句。

值得注意的是,defer 虽然推迟了语句的执行,但是它并不影响对参数的赋值操作,这里虽然没有进行 Println 操作,但是 b 已经被赋值成了 1,所以最终输出结果是先打印 b2=2,后打印 b1=1,所以说程序运行过程中,被 defer 的语句虽然在程序结束前不会被执行,但是其赋值和运算操作会正常执行,而闭包会延迟计算过程,于是就出现了上面输出的结果。

defer 还有一个特点,那就是多个 defer 调用时的运行原理满足先进后出规则,即多个 defer 出现时,程序会以堆栈的方式执行 defer 定义的语句。事实上,执行 Go 语言代码时,遇到 defer 语句就会压入堆栈,待到函数返回时才会再顺序执行 defer 语句。在 defer_Test4 中,程序顺序为 e1=1、e2=2、e3=3,而输出结果恰好相反。

13.2.2 panic()函数

panic()函数常用在出现不可恢复错误的地方,例如缓冲区溢出、数组越界以及出现了空指针异常等等。介绍 panic()函数前先了解一下 panic()函数运行的机制。假设有一个探险队去爬山探险,领头人员负责探路,如果遇到断崖,他们就会发出信号让后面的人停止前进,消息会从领头人依次快速传递给队列后的人直到队列完全停下。和这个简单的原理相似。假设某个函数 F()触发了 panic()函数,函数 F()会停止执行,并且返回它的输出值。同时,F()函数还会通知它的后续函数比如 G()函数终止执行,并且在此基础上运行 defer 关键字下的语句。直到协程中的所有函数全部停止执行,程序会以堆栈形式返回错误信息以及 panic 所声明的 value,这些信息全部能在日志信息中查看到。

panic()函数的定义如下:

```
func panic(v interface{})
```

该函数的特点是接受任何值作为参数,一旦执行就会终止程序运行。由于运行 panic()函数会造成程序崩溃,所以一般开发中我们不愿意看到 panic 异常的情况,然而这种异常往往无法避免,因此 Go 语言提供了一种专门恢复 Goroutine 的 panic 状态的函数 recover()。

13.2.3 recover()函数

recover()函数是 Go 语言中的内建函数,它的主要作用是使当前程序重新获得流程控制权。Go 语言将 recover()函数定义为一种接口函数,用于解释 panic 异常,定义如下:

```
func recover() interface{}
```

该方法的运行机理在于它作为内建函数使得程序恢复对 panic 状态下的协程的管理。

执行过程中 recover()函数需要在一个 defer 关键字下的函数中运行，下面结合例 13.3 讲解。

例 13.3 panic()函数与 recover()函数方法使用案例。

```
package main
import (
    "errors"
    "fmt"
)
     func DivideForRecover(dividend float64, divisor float64) (result float64) {
    if divisor == 0 {
        err := errors.New("runtime error: divide by zero")
        panic(err)
        return
    }
    result = dividend / divisor
    return
}
     func main() {
    defer func() {
           if err:= recover();err!= nil{
           fmt.Println("发生 panic 异常!错误信息为:",err)
           }
    }()
    r:= DivideForRecover(6,0)
    fmt.Println(r)
}
```

程序运行结果：

```
发生 panic 异常!错误信息为: runtime error: divide by zero
```

可以看出，程序中 recover 分布在 defer 下的闭包函数中，这是一种比较简单的用法，即通过 recover()函数捕获到前面的 panic 异常，依旧以除零错误为例。可以看出 recover()函数不仅捕获到了 panic 异常还接收到了 panic 所传递的参数即除零错误信息 err，在程序中表现为打印出 err 信息。这样函数会给出合理的返回值并结束执行，而不是导致程序崩溃掉。

至此对 defer()函数、panic()函数和 recover()函数的介绍结束。在实际开发过程中，对 panic()函数和 recover()函数的运用可能比较少，重点掌握 defer 和一般错误的使用即可。

13.3 日志

日志的作用更多的是供程序员跟踪、调试、分析代码以及使运维人员便于对错误信息进行解读，它可以被看作是一个程序员的一个武器，用于消除各种问题(bug)。

Go 语言实现日志的功能主要依赖于 log 包，log 包中提供了 logger 类型用于对日志的操作。

首先，介绍创建 logger 类型需要的 New()函数，定义如下：

```
func New(out io.Writer, prefix string, flag int) *Logger
```

其中 out 是日志写入的目的地；prefix 是日志内容的前缀；flag 表示日志的类型，这个在 log 包中的 const 常量中有定义，见表 13-1。

表 13-1 log 包中的 const 常量表

常量定义	常量含义
Ldate	日期：2006/01/02
Ltime	时间：01：23：23
Lmicroseconds	微秒分辨率：01：23：23.123123，对 Ltime 的补充
Llongfile	文件全路径名+行号：/a/b/c/d.go：66
Lshortfile	文件无路径名+行号：d.go：66，能够覆盖 Llongfile
LUTC	UTC 时间
LstdFlags	= Ldate | Ltime //标准的 logger 初始值

实际上，log 包中提供对三个参数的设置和返回方法，这便于程序员对日志进行更多的操作，此处不再赘述。

介绍完如何初始化定义一个 logger 对象，下面介绍怎样对日志进行输出。log 包提供了三种方法用于将信息输出到 logger 对象中，分别是 Print()、Fatal()以及 Panic()。其中 Print()表示将日志信息写到标准 logger 中，Fatal()表示在调用 Print()后继续调用 os.Exit(1)方法，Panic()表示在调用 Print()后调用 panic()方法*。

log 包中还有一个 Output()方法用于写入输出一次日志事件。其定义如下：

```
func (l *Logger) Output(calldepth int, s string) error
```

calldepth 用于控制日志堆栈输出深度，正常情况下堆栈深度为 2 层，所以其预定义的值为 2，s 是要打印的文本，如果末尾没有换行符会默认加上。

这三个方法的实际应用情况视开发背景而定，这里不作论述。下面以一个示例程序对 logger 的用法做简单说明。

例 13.4 使用 print 和 fatal 类型输出至 logger 的示例。

```
//使用 Print 和 Fatal 类型输出 logger
package main
import (
    "fmt"
    "log"
    "os"
    "time"
)
func main() {
    file := time.Now().Format("2006 年 1 月 2 日") + ".txt"
    logFile, err := os.OpenFile(file, os.O_RDWR|os.O_CREATE|os.O_APPEND, 0766)
    if nil != err {
        fmt.Println("生成日志时出现错误信息:",err)
    }
```

* Panic 是 logger 类型的属性方法，其有 Panic、Panicf、Panicln 三种调用形式，而 panic()是应用于错误处理部分的方法，此处需要加以区分。

```
    //创建一个 Logger
    //日志写入目的地:logFile
    //每条日志的前缀:"这是一个前缀"
    //日志属性:log.LstdFlags|log.Lshortfile
    logger := log.New(logFile, "这是一个前缀", log.Ldate|log.Lshortfile)
      logger.Print("打印一条日志信息")
      fmt.Println("后台输出修改前 flag")
    //Flags 返回 logger 的输出选项
    fmt.Println(logger.Flags())
    //SetFlags 设置输出选项
    logger.SetFlags(log.LstdFlags | log.Lshortfile)
      fmt.Println("后台输出修改后 flag")
    //Flags 返回修改后的 logger 的输出选项
    fmt.Println(logger.Flags())
    //Prefix 返回输出前缀
    fmt.Println("logger 输出前缀返回\r\n")
    fmt.Println(logger.Prefix())
    //SetPrefix 设置输出前缀
    logger.SetPrefix("这是修改后的前缀\r\n")
    //输出一条日志
    logger.Output(2, "打印一条日志信息\r\n")
    //格式化输出日志
    logger.Printf("第 %d 行 内容: %s", 11, "格式化输出\r\n")
    //一般输出日志
    logger.Println("带换行输出")
    logger.Print("标准输出")
    //Fatal 输出日志
    logger.Fatal("我是 fatal 错误\r\n")
}
```

程序运行结果：

```
后台输出修改前 flag
17
后台输出修改后 flag
19
logger 输出前缀返回
这是一个前缀
```

日志中的结果为：

```
这是一个前缀 2018/07/31 Log_Test.go:24: 打印一条日志信息
这是修改后的前缀 2018/07/31 09:13:15 proc.go:195: 打印一条日志信息
这是修改后的前缀 2018/07/31 09:13:15 Log_Test.go:43: 第 11 行 内容:格式化输出
这是修改后的前缀 2018/07/31 09:13:15 Log_Test.go:45: 带换行输出
这是修改后的前缀 2018/07/31 09:13:15 Log_Test.go:46: 标准输出
这是修改后的前缀 2018/07/31 09:13:15 Log_Test.go:48: 我是 fatal 错误
```

例 13.5 使用 Panic 类型输出 logger 的示例。

```
//使用 Panic 类型输出 logger
import (
```

```
    "time"
    "os"
    "log"
)
func main() {
    file := time.Now().Format("2006年1月2日") + ".txt"
    logFile, err := os.OpenFile(file, os.O_RDWR|os.O_CREATE|os.O_APPEND, 0766)
    if nil != err {
        panic(err)
    }
    logger := log.New(logFile, "这是一个前缀", log.Ldate|log.Lshortfile)
    logger.Output(2,"panic 异常测试\r\n")
    logger.Panicln("panic 异常退出\r\n")
}
```

日志中的结果为：

```
这是一个前缀 2018/07/31 proc.go:195: panic 异常测试
这是一个前缀 2018/07/31 Log_Test_Panic.go:18: panic 异常退出
```

掌握基本的日志操作对程序开发至关重要，对日志更新维护也是程序员应该经常做的事情。可以说，学会使用日志是做好程序员的必要准备。

13.4 举例结合使用错误处理方法和日志

在学习了错误处理的一般方法和日志的使用方法后，下面给出相关内容的一个结合举例。

例 13.6 错误处理方法与日志结合示例。

```
package main
import (
    "errors"
    "time"
    "os"
    "fmt"
    "log"
)
    //自定义处理除零错误的方法
func DivideTestLog(dividend float64, divisor float64) (result float64, err error) {
    if divisor == 0 {
        result = 0.0
        err = errors.New("自定义 runtime error: divide by zero")
        return
    }
    result = dividend / divisor
    err = nil
    return
}
//使用 panic 处理除零异常的方法
func DivideForRecoverLog(dividend float64, divisor float64) (result float64) {
    if divisor == 0 {
        err := errors.New("panic runtime error: divide by zero")
```

```
        panic(err)
        return
    }
    result = dividend / divisor
    return
}
func main() {
    file := time.Now().Format("2006年1月2日") + ".txt"
    logFile, err := os.OpenFile(file, os.O_RDWR|os.O_CREATE|os.O_APPEND, 0766)
    if nil != err {
        fmt.Println("生成日志时出现错误信息:",err)
    }
    logger := log.New(logFile, "自定义错误处理测试", log.Ldate|log.Lshortfile)
    r, err1 := DivideTestLog(6, 0)
    if nil == err1{
        fmt.Println(r)
    }else{
    logger.Print(err1,"\r\n")//将自定义错误导入日志
    }
    logger.SetPrefix("panic错误处理测试")
    defer func() {
        if err2:=recover();err2!=nil{
            logger.Print(err2,"\r\n")//将panic错误导入日志
        }
    }()
    r1:=DivideForRecoverLog(6,0)
    fmt.Println(r1)
}
```

日志中的结果为：

```
自定义错误处理测试2018/07/31 error_log.go:44: 自定义 runtime error: divide by zero
panic错误处理测试2018/07/31 error_log.go:49: panic runtime error: divide by zero
```

本章小结

学习完本章之后，相信你对错误处理和日志生成的用法有了一定的了解。本章重点需要掌握的是defer()方法的用法和运行原理，panic()、recover()函数联动处理异常的方法。学完本章之后，应该能够正确判断带defer()函数的运行结果，能够简单使用自己定义的错误处理方法来捕获错误，能够简单使用panic()和recover()联动处理异常，并且能够将日志应用到错误处理当中。

课后练习

一、判断题

1. recover()是一种能够直接调用并且独立运行的接口函数。 (　　)
2. log包中只有两种方法能够将日志信息输出至logger。 (　　)

3. 一个函数中有多个 defer 关键字定义的语句，则最后一个 defer 定义的语句最先被执行。（　　）

二、填空题

1. 使用 panic 函数传递的参数可以被________函数接收到。
2. 在日志中，初始化一个 logger 类型需要设置________个参数。

三、选择题

1. 关于下列（　　）操作可以触发异常。

   A. 数组越界　　B. 空指针　　C. 除零错误　　D. 以上都是

2. calc()函数的定义如下：

```
func calc(prefix string, a, b int) int {
    result := a + b
    fmt.Println(prefix, a, b, result)
    return result
}
```

则下面 main 函数的输出结果为（　　）。（答案中省略换行）

```
func main() {
  a := 1
  b := 2
  defer calc("1", a, calc("10", a, b))
  a = 2
  defer calc("2", a, calc("20", a, b))
  b = 1
}
```

A. 10 1 2 3 20 2 2 4 2 2 4 6 1 1 3 4　　B. 20 2 2 4 2 2 4 6 10 1 2 3 1 1 3 4

C. 10 1 2 3 1 1 3 4 20 2 2 4 2 2 4 6　　D. 20 2 1 3 2 2 3 5 10 2 1 3 1 2 3 5

3. 关于函数返回值的错误设计，下面说法错误的是（　）。

   A. 如果失败原因只有一个，则返回 bool

   B. 如果没有失败原因，则不返回 error 或 bool

   C. 如果重试几次可以避免失败，则不要立即返回 error 或 bool

   D. 如果失败原因超过一个，则返回 error

四、简答题

1. defer 关键字下语句在程序结束时的运行顺序是按照什么规则进行的？
2. Go 语言是使用哪些方法来定义错误的？又是使用哪一个接口进行日志操作的？
3. 错误和异常有什么区别？请简要说明。
4. 判断并纠正下面程序中的错误：

```
package main
import (
"io/ioutil"
"os"
)
func main() {
```

```
f, err : = os.Open("file")
defer f.Close()
if err != nil {
return
}
b, err : = ioutil.ReadAll(f)
println(string(b))
}
```

5. 下面 main()函数的运行后后台打印的信息是什么？

```
package main
import "fmt"
func f() {
defer func() {
if r : = recover(); r != nil {
fmt.Printf("recover: % #v", r)
}
}()
panic(1)
panic(2)
}
func main() {
f()
}
```

6. 判断下面 main()函数的运行结果。

```
package main
import "fmt"
func f1() {
    defer println("f1 - begin")
    f2()
    defer println("f1 - end")
}
func f2() {
    defer println("f2 - begin")
    f3()
    defer println("f2 - end")
}
func f3() {
    defer println("f3 - begin")
    panic(0)
    defer println("f3 - end")
}
func main() {
    f1()
}
```

五、编程题

1. 编程使用 defer()、panic()、recover()函数实现一个异常处理函数，并且能够根据错误类型打印错误信息(要求起码有两类及以上的错误处理信息)。

2. 编程模仿例 12.6 中对错误处理和日志的结合方法，自己写两个及以上 go 文件，要求一个文件专门用于日志处理，其他文件遇到需要记录的错误时可以调用该日志处理方法进行日志记录。

第14章

创建自己的go包

本章重点介绍如何创建一个自定义的go包并且如何去调用它，调用自定义的go包是项目开发过程中必不可少的环节，所以学会自己创建go包并且调用它十分关键。

本章要点：

- 掌握创建并调用go包的方法。
- 理解go包的两种引用方式。

14.1 创建一个go包

就Java语言而言，在实际开发过程中，经常会先写一些常用的公共类比如util类、日志处理类等等作为其他功能实现类的调用类，然后将这些类打包成一个包用于规范调用。Go语言同样支持这样的功能，下面介绍如何创建一个包并实现对它的引入和方法调用。

创建一个go包首先要在项目目录中新建一个文件夹。这里以简单的蛋糕制作流程为例，新建一个文件夹名字为cakemaking，文件夹中创建三个go文件，分别命名为Knead_Dough.go、Add_Sauce.go、Baking.go。

例14.1 三个go文件内容。

```
Knead_Dough.go:
package cakemaking
import "fmt"
     func Knead_Dough() {
   fmt.Println("制作蛋糕糊")
}
Add_Sauce.go:
package cakemaking
```

```
import "fmt"
      func Add_Sauce(){
      fmt.Println("上调味料")
}
Baking.go:
      package cakemaking
import "fmt"
      func Baking() {
   fmt.Println("放入烤箱烘烤")
}
```

创建完 go 包之后，下面介绍如何在程序中调用 go 包中的方法或函数。这里将 go 包和新建的 go 程序放到了同一目录下，测试用的 go 程序命名为 makeAcake.go。项目结构如图 14-1 所示。

图 14-1　cakemaking 项目目录

例 14.2　makeAcake.go 的内容。

```
package main
import (
   "./cakemaking"
   "fmt"
)
      func main() {
   var n int
   fmt.Println("请问你想做几个蛋糕吃? ")
   fmt.Scanf("%d",&n)
   for i:=1;i<n+1;i++{
   fmt.Println("制作第",i,"个蛋糕")
   cakemaking.Knead_Dough()
   cakemaking.Add_Sauce()
   cakemaking.Baking()
   fmt.Println("吃掉第",i,"个蛋糕")
   }
}
```

程序运行结果(输入样例为 2)：

```
请问你想做几个蛋糕吃?
2
制作第 1 个蛋糕
制作蛋糕糊
上调味料
放入烤箱烘烤
吃掉第 1 个蛋糕
制作第 2 个蛋糕
制作蛋糕糊
上调味料
放入烤箱烘烤
吃掉第 2 个蛋糕
```

这样，一个简单的Go语言的go包就实现了，相信读者可以写出更加高级的go包。下面介绍怎么样调用go包。

14.2 go包的导入方式

14.2.1 相对路径导入

14.1节代码中包的导入使用的便是相对路径导入的方法，具体是将引用的包和go文件放到同一目录下然后用./的形式引入包，但是这种方法其实不常用。对于复杂项目来说，使用绝对路径导入更加简单，而且不会造成项目结构混乱的情况。

14.2.2 绝对路径导入

绝对路径的导入依赖于GOPATH，GOPATH可以在环境变量（Windows系统）中找到，如果是Linux系统，则可以使用echo $ GOPATH命令找到。

具体方式是将go包添加到GOPATH的路径中。

可以看出，Go语言中go包的功能类似于Java的package，导入某一个go包之后可以在程序中使用它的方法，这是Go语言用于扩展程序功能和写框架代码的一个重要渠道，值得一提的是，Go语言中如果存在循环调用包的情况，会报出import circle not allowed的异常，即Go语言禁止这种情况的发生，这和其他语言略有不同。

本章小结

本章结合做蛋糕的流程创建了一个自己的go包并介绍了创建包、调用包的方法。可以把包看作是一个模块，一个完整的项目就是通过业务逻辑将这些模块联系起来从而达到实现业务的目的。这一部分的内容重在实践应用，这同样也是学习一门编程语言的最终目的，请读者自己动手实践。

课后练习

一、简答题

1. Go语言中是如何处理循环调用包的问题的？
2. Linux系统中使用什么命令可以查看到GOPATH的路径？

二、编程题

编程实现在同一个自定义的包与go文件之间的方法调用。

第4篇　应　用　篇

本篇是Go语言的应用部分。通过之前的学习，读者已经掌握了Go语言编程的常用知识点，本篇将会讲解Go语言在实际工作中的一些应用。

编码在计算机世界很常用。数据在网络传输过程中，经常需要将二进制文件（如图片、视频、可执行文件等）编码为文本文件来进行更简单快捷的传输，对二进制文件的编码主要使用本篇的Base64或十六进制编码方式处理；用户日常浏览Web应用会产生大量的交互数据，要将这些数据高效准确地在客户端与服务器之间传递，需要借助本篇的JSON和XML编码来实现；大量的用户信息想要有序地存储到本地需要用CSV编码处理数据并存储到数据文件。

随着信息技术的不断发展，数据库的应用几乎无处不在，开发数据库应用程序成为一名合格的程序开发人员必备的技能。因此本篇还会对如何使用Go语言操纵MySQL数据库作简要示范。

本篇主要介绍了Go语言支持的五种常用编码方式以及Go语言操纵MySQL数据库的方法，分为两章。

第15章介绍了Base64编码、十六进制编码、JSON编码、XML编码、CSV编码等编码方式，并结合实例介绍了Go语言如何对数据进行编码、解码。

第16章介绍如何使用Go语言操作数据库，主要包括MySQL数据库安装和Go语言连接、查询MySQL数据库的方法。

第15章

Go语言编码

编码在计算机世界很常用。在网络传输过程中经常需要对二进制文件编码，以便更轻松地传输文件(如图片、视频、应用程序等)。在对二进制文件的编码方面主要使用 Base64 编码方式对其进行编码和解码，以进行网络端传输。其中 Base64 有标准 Base64 和 url Base64 两个版本，它们适用的情况不太一样，后面会对其进行详细描述。除了二进制文件的传输之外，日常浏览 Web 应用也会产生很多数据。要将这些数据高效准确地传递到服务器，则需要借助于本章的 JSON 和 XML 编码。JSON 和 XML 这种结构化的数据结构非常有利于服务器高效地解析数据。还有用户数据存储的 CSV 编码，CSV 文件可以用 Excel 直接打开，其本质就是逗号分隔文件，便于数据的存储、分类和管理。

本章要点：

- 掌握 Go 语言 JSON 和 XML 的编码和解码方法。
- 熟悉 Go 语言 Base64 编码方式及其应用场景。
- 了解 Go 语言十六进制编码方式。
- 了解 Go 语言 CSV 编码方式。

15.1 Base64 编码

Base64 是网络上最常见的用于传输 8 位字节代码的编码方式之一，可用于在 HTTP 环境下传递较长的标识信息。Base64 编码是从二进制到字符的过程，可用于在 HTTP 环境下传递较长的标识信息。例如，在 Java Persistence 系统 Hibernate 中，就采用了 Base64 来将一个较长的唯一标识符(一般为 128 位的 UUID)编码为一个字符串，用作 HTTP 表单和 HTTP GET URL 中的参数。在其他应用程序中，也常常需要把二进制数据编码为适合放在 URL(包括隐藏表单域)中的形式。此时，采用 Base64 编码具有不可读性，需要解码后才能阅读。Go 的 encoding/base64 提供了对 Base64 的编/解码操作。

encoding/base64 定义了一个 Encoding 结构体，表示 Base64 的编/解码器。并且导出了四个常用的 Encoding 对象：StdEncoding、URLEncoding、RawStdEncoding、RawURLEncoding。StdEncoding 表示标准的编/解码器。URLEncoding 用于对 URL 编/解码，编/解码过程中会将 Base64 编码中的特殊标记“＋”和“/”替换为“－”和“_”。RawStdEncoding 和 RawURLEncoding 是 StdEncoding 和 URLEncoding 的非 padding 版本。

为什么要提供如此多的 Base64 的编/解码 API？因为标准的 Base64 并不适合直接放在 URL 中传输，因为 URL 编码器会把标准 Base64 中的“/”和“＋”字符变为形如“%XX”的形式，而这些“%”在存入数据库时还需要再进行转换，因为 ANSI SQL 中已将“%”用作通配符。

为解决此问题，可采用一种用于 URL 的改进 Base64 编码，它不仅在末尾去掉填充的“＝”，并将标准 Base64 中的“＋”和“/”分别改成了“－”和“_”，这样就免去了在 URL 编解码和数据库存储时所要进行的转换，避免了编码信息长度在此过程中的增加，并统一了数据库、表单等处对象标识符的格式。

例 15.1 Go 语言对字符串进行 Base64 编码和解码。

```
package main
import (
    "encoding/base64"
    "errors"
    "fmt"
)
func mustDecode(enc * base64.Encoding, str string) string {
    data, err := enc.DecodeString(str)
    if err != nil {
        panic(err)
    }
    return string(data)
}
//该函数测试编解码
//enc 为 Encoding 对象，str 为要测试的字符串
func testEncoding(enc * base64.Encoding, str string) {
    //编码
    encStr := enc.EncodeToString([]byte(str))
    fmt.Println(encStr)
    //解码
    decStr := mustDecode(enc, encStr)
    fmt.Println("decStr: ", decStr)
    if decStr != str {                        //编码后再解码应该与原始字符串相同
        //这里判断如果不同，则触发错误
        panic(errors.New("unequal!"))
    }
}
func main() {
    const testStr = "Go 语言编程"
    //测试 StdEncoding，注意打印结果里的/为 URL 中的特殊字符，最后有一个 padding
```

```
    testEncoding(base64.StdEncoding, testStr)        //打印:R2/or63oqIDnvJbnqIs=
    //测试 URLEncoding,可以看到/被替换为_
    testEncoding(base64.URLEncoding, testStr)        //打印:R2_or63oqIDnvJbnqIs=
    //测试 RawStdEncoding,可以看到去掉了 padding
    testEncoding(base64.RawStdEncoding, testStr)
    //打印:R2/or63oqIDnvJbnqIs
    //测试 RawURLEncoding,可以看到/被替换为_,并且去掉了 padding
    testEncoding(base64.RawURLEncoding, testStr)
    //打印:R2_or63oqIDnvJbnqIs
}
```

程序运行结果：

```
R2/or63oqIDnvJbnqIs=
decStr: Go 语言编程
R2_or63oqIDnvJbnqIs=
decStr: Go 语言编程
R2/or63oqIDnvJbnqIs
decStr: Go 语言编程
R2_or63oqIDnvJbnqIs
decStr: Go 语言编程
```

15.2 十六进制编码

Go 语言内建了 hex 标准库用于十六进制编码解码工作的标准包。常用的函数为编解码函数 hex.Encode 和 hex.Decode。Encode()和 Decode()函数都接受两个 byte 数组作为参数：一个作为数据源，一个作为输出源，且输出源的长度一般是 src 数据源的长度的两倍。

例 15.2 Go 语言对字符串进行十六进制编码和解码。

```
package main
import (
    "encoding/hex"
    "fmt"
    "log"
)
func main() {
    src := []byte("Hello Go!")
    fmt.Println("source len:", len(src))             //9
    //EncodedLen 会返回 src 数组的长度的 2 倍
    dst := make([]byte, hex.EncodedLen(len(src)))
    fmt.Println("dst len:", len(dst))                //18
    //开始编码
    hex.Encode(dst, src)
    fmt.Println("encoded: ", string(dst))            //48656c6c6f20476f21
    //开始解码
    src2 := []byte("48656c6c6f20476f21")
    dst2 := make([]byte, hex.DecodedLen(len(src2)))
    _, err := hex.Decode(dst2, src2)
    if err != nil {
```

```
        log.Fatal(err)
    }
    fmt.Println("encoded: ", string(dst2)) //Hello Go!
}
```

程序运行结果：

```
source len: 9
dst len: 18
encoded: 48656c6c6f20476f21
encoded: Hello Go!
```

从程序运行结果可见，源字符串编码后重新解码内容不变，即编码与解码都可以顺利执行。使用的时候只需要按要求提供相应的参数。

15.3 JSON编码

JSON(JavaScript Object Notation，JS对象简谱)是一种轻量级的数据交换格式。它是基于ECMAScript(欧洲计算机协会制定的JS规范)的一个子集，采用完全独立于编程语言的文本格式来存储和表示数据。简洁和清晰的层次结构使得JSON成为理想的数据交换语言，如图15-1所示。易于人阅读和编写，同时也易于机器解析和生成，并可有效地提升网络传输效率。现在JSON已经是前后台交互的不可或缺的数据格式。

```
{
    "name": "李四",
    "isAlive": true,
    "age": 23,
    "address": {
        "city": "Beijing",
    },
    "phoneNumbers": [
        {
            "type": "home",
            "number": "7654321"
        }
    ]
}
```

图15-1 JSON样例

Go语言为JSON的编码和解码提供了内建的标准库，方便用户使用JSON。下面简要介绍JSON的Marshal()和Unmarshal()方法。

例15.3 Go语言对字符串进行JSON编码和解码。

```
package main
import (
    "encoding/json"
    "fmt"
)
func main() {
    source_data := make(map[string]interface{})
    source_data["name"] = "The Go Programming Language"
    source_data["url"] = "https://Golang.org/"
    //json encode
    json_data, err := json.Marshal(source_data)
    if err != nil {
        panic(err)
    }
    fmt.Println(source_data)
    fmt.Println(string(json_data))
    //json decode
```

```
    decode_data := make(map[string]interface{})
    err = json.Unmarshal(json_data, &decode_data)
    if err != nil {
        panic(err)
    }
    fmt.Println(decode_data)
}
```

程序运行结果：

```
map[name:The Go Programming Language url:https://golang.org/]
{"name":"The Go Programming Language","url":"https://golang.org/"}
map[name:The Go Programming Language url:https://golang.org/]
```

上述代码首先定义了一个 map 对象，然后将其用内建方法编码成了 JSON 格式。随后利用内建的 Unmarshal()方法进行解码，将其数据重新解码成了指定的 map 形式。

15.4 XML 编解码

XML 一般指可扩展标记语言。可扩展标记语言(标准通用标记语言的子集)是一种用于标记电子文件使其具有结构性的标记语言。在电子计算机中，标记指计算机所能理解的信息符号，通过此种标记，计算机之间可以处理包含各种内容的信息，比如文章等。XML 可以用来标记数据、定义数据类型，是一种允许用户对自己的标记语言进行定义的源语言，如图 15-2 所示。XML 非常适合 Web 传输，提供统一的方法来描述和交换独立于应用程序或供应商的结构化数据。XML 是 Internet 环境中跨平台的、依赖于内容的技术，也是当今处理分布式结构信息的有效工具。

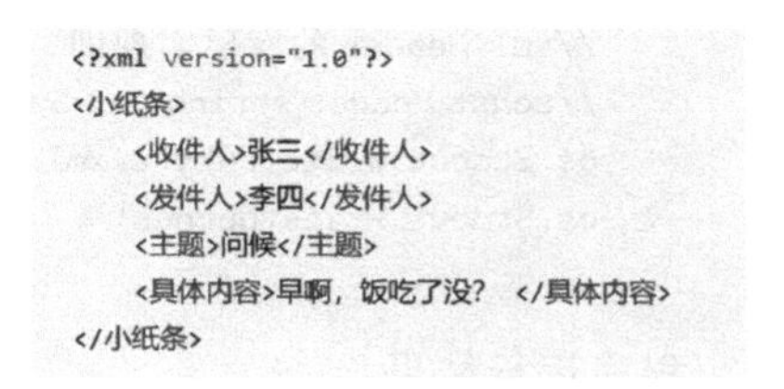

图 15-2 XML 样例

15.4.1 XML 编码

Go 语言可以利用内建的 xml 包将数据序列化成 XML 格式，也可以把 XML 格式的数据格式化为结构体的格式。本节主要介绍如何把数据编码为 XML 格式，15.4.2 节单独介绍如何解码 XML 文件。

例 15.4 Go 语言对字符串进行 XML 编码。

```
package main
import (
    "encoding/xml"
    "fmt"
    "os"
)
type xmldas struct {
    XMLName xml.Name                    `xml:"das"`
```

```
    DataPort string                    `xml:"DataPort,attr"`
    Desc string                        `xml:"desc,attr"`
    Src xmlsource                      `xml:"source"`
    Dest xmldestination                `xml:"destination"`
}
type xmlsource struct {
    Path string `xml:"path,attr"`
    Param string `xml:"param,attr"`
}
type xmldestination struct {
    Path string `xml:"path,attr"`
    Param string `xml:"param,attr"`
}
func main() {
    v := xmldas{DataPort: "8250", Desc: "123"}
    v.Src = xmlsource{Path: "123", Param: "456"}
    v.Dest = xmldestination{Path: "789", Param: "000"}
    output, err := xml.MarshalIndent(v, " ", " ")
    if err != nil {
        fmt.Printf("error: %v\n", err)
    }
    //xml.Header 的底层实现即:
    //const Header string = `<?xml version="1.0" encoding="UTF-8"?>`
    os.Stdout.Write([]byte(xml.Header))
    os.Stdout.Write(output)
}
```

程序运行结果：

```
<?xml version="1.0" encoding="UTF-8"?>
<das DataPort="8250" desc="123">
    <source path="123" param="456"></source>
    <destination path="789" param="000"></destination>
</das>
```

从程序运行结果来看，需要注意的是，一处是凡是结构体定义时标记为 attr 的属性会以 xml 标签的属性值的形式出现，而没有被标记为 attr 的属性会直接以 xml 标签的形式出现。

15.4.2 XML 解码

XML 解码工作相对烦琐一些，需要准备好一个编码好的 XML 数据源，然后调用 Go 语言的安装包进行解码。具体执行步骤如下。

1. 本地新建 studyGolang.xml 文件

例 15.5 Go 语言对字符串进行 XML 解码。

```
<?xml version="1.0" encoding="UTF-8"?>
<Persons>
```

```
    <Person Name = "polaris" Age = "38">
        <Career>老师 </Career>
        <Interests>
            <Interest>编程</Interest>
            <Interest>下棋</Interest>
        </Interests>
    </Person>
    <Person Name = "studyGolang" Age = "18">
        <Career>学生</Career>
        <Interests>
            <Interest>编程</Interest>
            <Interest>下棋</Interest>
        </Interests>
    </Person>
</Persons>
```

2. 在本地新建 index.go 文件

```
package main
import (
    "encoding/xml"
    "io/ioutil"
    "log"
)
type Result struct {
    Person []Person
}
type Person struct {
    Name string`xml:",attr"`
    Age int`xml:",attr"`
    Career string
    Interests Interests
    //注意一个是 Interests,一个是 Interest
}
type Interests struct {
    Interest []string
}
func main() {
    //必须在文件所在文件夹运行 go run index.go 才能正常读取到文件
    content, err := ioutil.ReadFile("./studyGolang.xml")
    //读取出来的内容是一个 []byte 形如 [60 63 120 109 ... ]
    //需要用 string(content)转化为字符串形式
    //fmt.Println(content)                //[60 63 120 109 ... ]
    //fmt.Println((string(content)))
    //<?xml version = "1.0" encoding = "UTF-8"?>
    if err != nil {
        log.Fatal(err)
     return
    }
    var result Result
    //将 xml 解析成指定的数组格式,每个数组元素是一个 Person 对象
```

```
    err = xml.Unmarshal(content, &result)
    if err != nil {
        log.Fatal(err)
    }
    log.Println(result)
}
```

程序运行结果：

```
2018/07/24 21:41:50 {[{polaris 38 老师 {[编程 下棋]}} {studyGolang 18 学生 {[编程 下棋]}}]}
```

需要注意的地方是，准确定义好 XML 文件的格式，使 XML 文件和结构体的结构相对应，比如各个属性的大小写，确保解析函数能够准确地匹配到相应的内容。

15.5 CSV 编码

逗号分隔值对应的英文为 Comma-Separated Values(CSV)，因为分隔字符也可以不是逗号，所以有时也称为字符分隔值。其文件以纯文本形式存储表格数据，如图 15-3 所示。纯文本意味着该文件是一个字符序列，不含必须像二进制数字那样被解读的数据。CSV 文件由任意数目的记录组成，记录间以某种换行符分隔；每条记录由字段组成，字段间的分隔符是其他字符或字符串，最常见的是逗号或制表符。通常情况下，所有记录都有完全相同的字段序列。

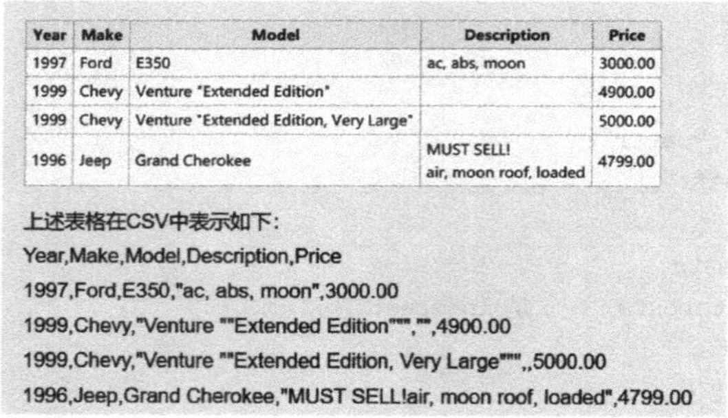

Year	Make	Model	Description	Price
1997	Ford	E350	ac, abs, moon	3000.00
1999	Chevy	Venture "Extended Edition"		4900.00
1999	Chevy	Venture "Extended Edition, Very Large"		5000.00
1996	Jeep	Grand Cherokee	MUST SELL! air, moon roof, loaded	4799.00

上述表格在CSV中表示如下：

```
Year,Make,Model,Description,Price
1997,Ford,E350,"ac, abs, moon",3000.00
1999,Chevy,"Venture ""Extended Edition""","",4900.00
1999,Chevy,"Venture ""Extended Edition, Very Large""",,5000.00
1996,Jeep,Grand Cherokee,"MUST SELL!air, moon roof, loaded",4799.00
```

图 15-3　CSV 样例

下例将演示如何利用 Go 语言实现对数据进行 CSV 编码并生成.csv 文件。

例 15.6　Go 语言对字符串进行 CSV 编码。

```
package main
import (
    "encoding/csv"
    "os"
)
func main() {
    f, err := os.Create("./test.csv")    //创建文件
    if err != nil {
        panic(err)
    }
```

```
    defer f.Close()
    f.WriteString("\xEF\xBB\xBF")          //写入 UTF-8 BOM
    w := csv.NewWriter(f)                  //创建一个新的写入文件流
    data := [][]string{
        {"1", "中国"},
        {"2", "美国"},
        {"3", "新加坡"},
        {"4", "意大利"},
        {"5", "荷兰"},
    }
    w.WriteAll(data)                       //开始写入数据,之后调用 Flush 才算全部完成
    w.Flush()
}
```

程序运行结果:

```
1,中国
2,美国
3,新加坡
4,意大利
5,荷兰
```

Flush 函数主要用在 io 操作中,用来清空缓冲区数据。因为当使用读写流的时候数据是先被写入内存中的,然后修改过的数据会被重新写入文件。所以在关闭文件时要先检查缓冲区内是否还留有数据,否则会造成数据的丢失。

本章小结

本章介绍了 Go 语言的 encoding 包中常用的几种编码解码方法。如利用 Base64 对二进制文件进行编码和解码,利用 Marshal()、Unmarshal()方法对字符数据进行序列化和反序列化,以及示例了如何用 Go 语言创建 CSV 文件。学习本章之后,读者应理解数据编码对于计算机应用的重要性,熟练使用 encoding 包的各个方法可以为读者在网络数据传输时提供便利。

课后练习

一、判断题

1. Json 数据和字符串数据可以任意转换。 (　　)
2. Base64 是一种对二进制文件进行编码的方法。 (　　)
3. Base64 常用于对图片文件进行编码。 (　　)
4. “_”和“-”在 URL 中可以直接作为参数使用。 (　　)

二、选择题

1. 以下数据中是 JSON 数据的为(　　)。

A. <key: value>　　B. (key: value)

C. [{key: value}]　　D. [val1, val2, …]

2. hex. Decode 生成的数据格式为(　　)。

A. string　　B. []char

C. []string　　D. []byte

3. 下列语句中可以在 Go 语言成功定义结构体并输出到 xml 数据中的是(　　)。

A. Name string `xml：Person`　　B. name string `xml：Person`

C. Name string `json：Person`　　D. name string `json：Person`

第16章

数据库编程

现代程序离不开数据存储，比较热门的大数据处理、云盘等，更是以存储为依托，所以对程序来说数据库是其核心所在。Go没有内建的驱动来支持任何数据库，但是Go定义了database/sql接口，用户可以基于驱动接口开发相应数据库的驱动。本章主要介绍了Go语言连接MySQL数据库的方法，调用了相应的数据库驱动go-sql-driver/mysql来实现相关的数据库连接、查询等操作。

本章要点：

- 掌握MySQL数据库的安装方法。
- 掌握Go语言连接MySQL数据库的方法。
- 熟悉Go语言查询数据库的方法。

16.1 Go语言与数据库

对许多Web应用程序而言，数据库都是其核心所在。数据库几乎可以用来存储你想查询和修改的任何信息，比如用户信息、产品目录或者新闻列表等。Go语言作为一种新生的语言，它提供了相应的标准库(database/sql)和一系列接口方法用于访问关系数据库。它并不会提供数据库特有的方法，那些特有的方法交给数据库驱动去实现。

16.2 安装MySQL

本节提供了在Windows系统安装MySQL的简易教程。

1. 下载MySQL

访问网址https://dev.mysql.com/downloads/mysql/下载资源包。根据系统位数下

载相对应的软件版本，如图 16-1 所示。

图 16-1 下载 MySQL

2. 配置环境变量

在环境变量最后添加解压缩后的 MySQL 安装包的 bin 目录的地址，如图 16-2 所示。

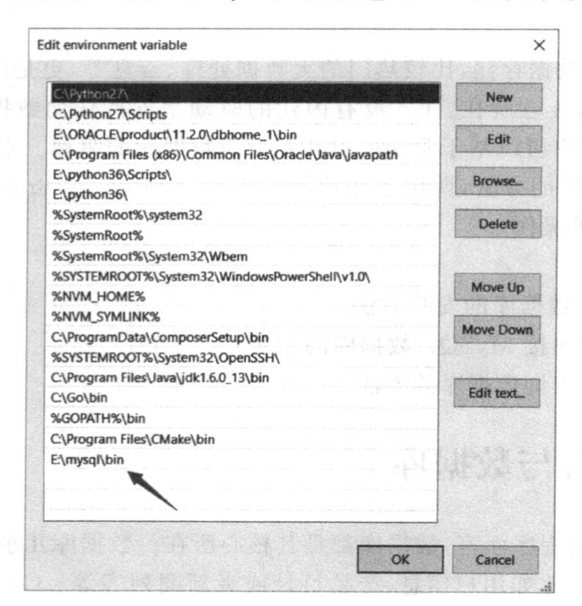

图 16-2 配置环境变量

3. 初始化本地数据

如图 16-3 所示，对本地数据进行初始化。

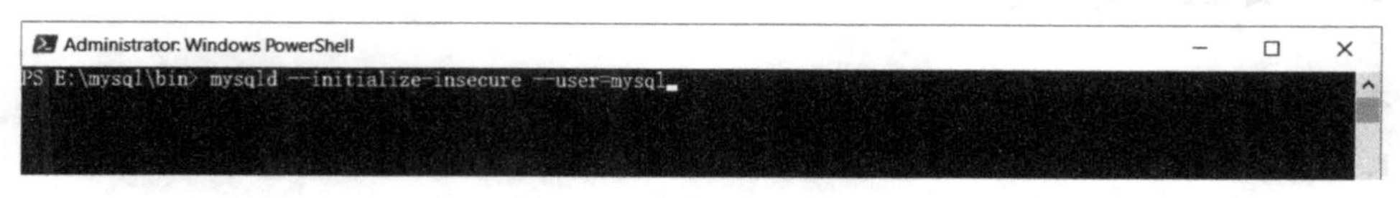

图 16-3 初始化本地数据

4. 解决启动 MySQL 服务失败的问题

如图 16-4 所示，解决启动 MySQL 服务失败的问题。

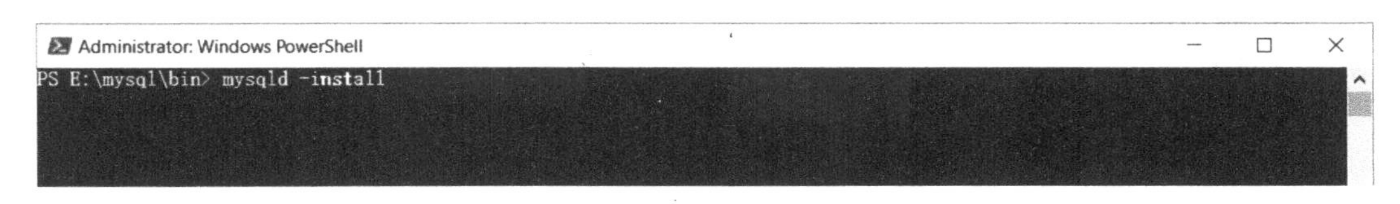

图 16-4　安装服务解决无法启动 MySQL 的问题

5. 开启 MySQL 服务

如图 16-5 所示，开启 MySQL 服务。

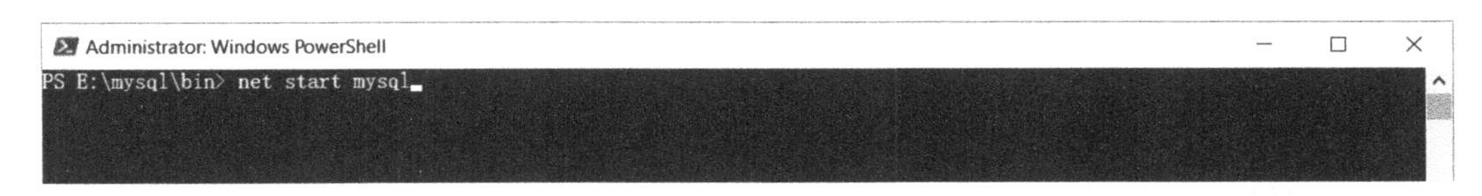

图 16-5　开启 MySQL 服务

6. 开始使用 MySQL

如图 16-6 所示，可以开始使用 MySQL。

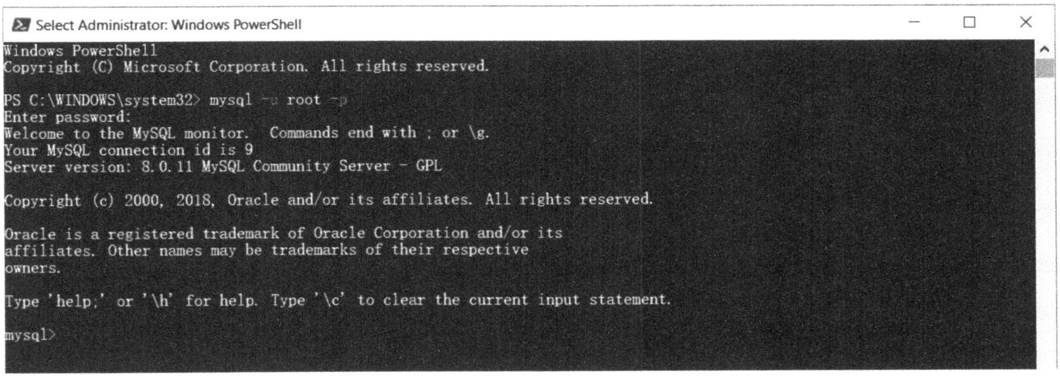

```
Select Administrator: Windows PowerShell
Windows PowerShell
Copyright (C) Microsoft Corporation. All rights reserved.

PS C:\WINDOWS\system32> mysql -u root -p
Enter password:
Welcome to the MySQL monitor.  Commands end with ; or \g.
Your MySQL connection id is 9
Server version: 8.0.11 MySQL Community Server - GPL

Copyright (c) 2000, 2018, Oracle and/or its affiliates. All rights reserved.

Oracle is a registered trademark of Oracle Corporation and/or its
affiliates. Other names may be trademarks of their respective
owners.

Type 'help;' or '\h' for help. Type '\c' to clear the current input statement.

mysql>
```

图 16-6　打开 MySQL 控制台

16.3　MySQL 连接

MySQL 驱动提供了 Open 方法用来连接数据库。

Open 方法会根据提供的数据源名称和数据库驱动名称来打开一个数据库。数据源名称通常至少包含有数据库名称和连接信息。

大多数用户会通过特定的数据库驱动打开数据库，Open 方法会返回一个数据库对象的指针。Go 语言的标准库中不含有任何数据库的驱动包，第三方驱动包可以登录网址 https://Golang.org/s/sqldrivers 获取。

Open 方法只校验所提供的参数的格式，而不会去真正进行连接。测试数据库是否连接

4. Query()函数是用来进行数据库的(　　)操作。

A. 插入　　B. 删除　　C. 查询　　D. 修改

5. 获取 MySQL 驱动到 GOPATH 的方法是(　　)。

A. go install-u github. com/go-sql-driver/mysql

B. go get-u github. com/go-sql-driver/mysql

C. go pull-u github. com/go-sql-driver/mysql

D. go update-u github. com/go-sql-driver/mysql

三、填空题

1. 检测数据库的有效性,可以利用________函数。

2. 列出 Go 语言支持的数据库连接:________。(至少三种)